消防指挥员灭火指挥要诀

伍和员　著

上海交通大学出版社

内 容 提 要

本书的研究从调度指挥开始,内容涉及救人、排烟、强攻近战;在建高层建筑火灾扑救、超高层区域的灭火作战行动;危险化学品泄漏事故处置以及液化石油气火灾扑救、家用液化石油气罐火灾扑救、油罐火灾扑救、苯系列物品火灾扑救以及化工装置火灾扑救等。对于每一种对象火灾,都说明了采用何种灭火战术措施以及为什麽要这样做,希望能给消防指挥员以有益的参考。

图书在版编目(CIP)数据

消防指挥员灭火指挥要诀/伍和员著. —上海:上海交通大学出版社,2012

ISBN 978-7-313-09021-8

Ⅰ. 消... Ⅱ. 伍... Ⅲ. 灭火—指挥员—工作方法 Ⅳ. TU998.1

中国版本图书馆 CIP 数据核字(2012)第 236771 号

消防指挥员灭火指挥要诀
伍和员 著

上海交通大学 出版社出版发行

(上海市番禺路 951 号 邮政编码 200030)

电话:64071208 出版人:韩建民

上海交大印务有限公司 印刷 全国新华书店经销

开本:880mm×1230mm 1/32 印张:5.375 字数:109 千字

2012 年 10 月第 1 版 2012 年 11 月第 2 次印刷

ISBN 978 - 7 - 313 - 09021 - 8/TU 定价:25.00 元

前　言

　　笔者作为我国第一批消防兵，自1965年进入消防部队以来，从未离开过作战训练、灭火救援的岗位。近50年来，无数次的火场经历，千百次的灭火救援指挥。在感受火场的危险、作战行动的艰难、灭火指挥任务的艰巨之同时，不断加深了对灭火方法的领悟。经过深入研究，发现在对各种类型火灾的扑救中，总有一种客观存在的、事关重大的、对火灾扑救的成败起到决定作用的关键因素。指挥员了解并能把握这些因素中的要点，再复杂的火情也能灭大火、打胜仗；反之，不仅小火会救成大火，还会造成消防官兵的无谓伤亡。所以，我们把每一次火灾扑救中应该掌握的，或者说必须掌握的关键因素，称之为灭火要诀。消防指挥员要悉心研究、切实把握、随机运用这些要诀，作为灭火作战指挥的过硬措施、有效招式和致胜法宝，为消防铁军在重大火灾扑救中打胜仗提供坚实的理论支撑。

　　消防部队展开灭火作战，主要靠什么，或者说需要什么，在众多的因素中，指挥和装备显得十分重要。十几年前我说过一句话——小火无战术，大火靠装备。当时，主要是为了突出装备在火灾扑救中的重要性,并非是排斥指挥的作用,犹如经济基础不会离开上层建筑而单独存在一样,装备和指挥的关系也是相辅相成、互为依靠的,装备精良指挥就更为有效,指挥正确装备就会发挥更好的作用,而且从某种程度上说,指挥有着更为重要的决定意义。完整的概念应该是小火无战术,大火靠装备,若要打胜仗,指挥最关键。从我国消防部队目前的装备水平来看,由于各级党委政府的充分重视和大量投入,消防部队的技术装备有了突破性发展,很多城市的车辆装备已经与发达国家的消防队差距不大,为此消防部队灭火救援作战能力明显增强。然而,装备强了不一定都能打胜仗,总结以往的灭火实战,凡是作战失误或出现低级错误的,问题都发生在指挥上。因此我们可以这样说,目前消防部队灭火作战最需要的是正确的指挥,尤其是基层指挥员的初战指挥。《消防指挥员灭火指挥要诀》正是基于这种考虑,坦诚地把作者几十年的实战经验和理论研究成果奉献给消防官兵参阅并用于实战指挥。

《消防指挥员灭火指挥要诀》的研究从调度指挥开始,内容涉及救人、排烟、强攻近战;在建高层建筑火灾扑救、超高层区域的灭火作战行动;有危险化学品泄漏事故处置,以及液化石油气火灾扑救、家用液化石油气罐火灾扑救、油罐火灾扑救、苯系列物品火灾扑救,以及化工装置火灾扑救等。一般对于每一种对象火灾,都能说明采用什么灭火战术措施,然后说明为什么要这样做,确实能给消防指挥员以有益的参考。

本要诀所述的灭火方法,为普遍常用的战术原则和措施,

不一定适用于特殊的或个别场所及环境下的灭火应用。以及本文在叙述中有不足或差错的地方,敬请读者予以指正及谅解。

伍和员

2012 年 8 月于南京

目　　录

一、第一时间段调集
有生作战力量

我们所说的第一时间段,就是在接到火灾报警后的极短时间内,可以是 2~5 分钟之间,或者在 6~8 钟之内。灭火实战的经验告诉我们,有些消防部队在接警后 8 分钟内分批调出 10~18 个中队,相对的优势兵力集中到达火场,正好顶住了扩展蔓延的火势,及时予以堵控,赢得了灭火作战的胜利。所以,第一时间段的力量调集,是一个战术意识问题,列入掌握火场主动权的概念,属于加强的第一出动的范畴。

1. 高度重视火灾警情

1.1　确立火灾等级观念

国外消防部门对火情的大小一般都有一个等级划分,灭火出动按等级调动,或者只要把火灾级别输入系统,就能自动生成力量调动方案。向领导汇报和社会公布都只需说明火灾等级,不同级别的消防指挥员根据火灾等级赶赴火场组织指挥。火灾的等级一般由指挥中心根据报警情况确定,由先期到达火场的初战指挥员判定并报经上级指挥员确定,火场总指挥或总值班首长到达火场后,火灾等级由火场最高级别的指挥员确定。我国还没有统一的火灾等级,更不要说在灭火调度指挥中应用火灾等级。曾经有一个国家级的科研课题,研究火灾等级和兵力调动,并已通过了验收,但没有彻底解决问题,因此也没有在全国推广。我也参加了这个项目的验收会,当时我就感到还不够成熟,他的力量调度依据用水量,再算成车辆数,我国的灭火出动习惯于以消防中队为单位,不会在几个中队各抽几辆车。我们辖区中队的车辆配备类型,都会考虑辖区保卫对象的特点,一般会有一定的针对性。

1.2　关注报警信息

无论是支队或是中队指挥员,必须充分关注报警的信息,通过报警的时间、天气、频率,发生火灾的地点、单位、燃烧物,敏锐地感知和判断可能发生的灾情,以便及早地采取相应的措施。尤其是城市消防支队长,在灭火指挥中具有不可替代的重要地位和作用,更需要消防指挥中心第一时间报告火警信息,不能等问题严重了接到报告才知道火烧大了,而是要在获得报警信息后,通过经验和判断,就知道可能要出大事。

1.3　强化第一时间段作战指挥

"119"调度指挥中心的值班人员要有较好的战训业务知识和灾情敏感性,按调度指挥的程序和规定,把好作战指挥的第一关;基层指挥员在前往火场的途中要注意观察火场方向情况,保持与指挥中心的联系,进行到场灭火的预谋活动;初战指挥员要不断提高灭火指挥能力,有效地组织初战行动,努力控制重特大火灾的发生;中高级消防指挥员要及早介入指挥,提前参与指挥,可以在自己还没有到达火场以前,就开始提出指挥思路,下达作战命令,用时髦的话说,这叫"遥控",或叫"提前介入"。

2. 加强第一出动力量

加强第一出动,在灭火作战行动中具有十分重要的意义。尽管是火灾初期,但在消防队到达火场时,有些火灾已经燃烧了一定时间,有些火灾已经形成了一定的规模,遇有这样的火灾,在增援力量没有到场的情况下,消防中队第一出动的2～3辆车显得十分薄弱。有些灭火初战打得不顺利,或者说打得很被动,除了与基层指挥员能力因素有关以外,到场力量太少恐怕是一个重要的原因。如果第一出动力量不能堵控火势,燃烧面积将通过种种途径,向上下周边快速蔓延扩大,对后续增援部队、甚至整个全局产生严重的影响。所以,第一出动力量的任务虽然是火灾初期作战,但是其初战效果关系到火灾扑救全局,加强第一出动力量势必是掌握火场主动权的重要措施。

2.1 一点报警、多点出动

北京奥运会期间,提出过一点报警、三点出动的调度指挥思路,这是因为北京市区的交通拥挤,为保证有消防车辆及时赶赴报警的起火点,闻警后从三个不同的方向调动消防中队。其实,我国大中城市都有交通拥挤的问题,加上火场环境复杂,客观上又加剧周边道路交通的恶化,当第一出动力量到达火场后,后续增援力量会受交通拥挤限制,延误到达火场的时间。因此,第一出动到达火场的力量,就是控制火势的基本作战力量,第一出动力量的战斗力如何,事关重大、非同小可。

2.2　传统概念、现代编成

从消防队伍的传统概念上讲,一般由一个消防中队的灭火出动称为第一出动。从第二个消防中队开始,统称为增援力量。江苏总队在指挥中心调度指挥程序中作了这样一个设置,凡是重点单位报警,计算机处警系统都在第一时间同时调出两个消防中队。他们认为,出动力量是传统力量的一倍,可以称为是加强的第一出动。从调动增援力量来看,第一个增援的中队,应该是除第一出动中队外离火场最近的一个中队;如果担任抢险救援任务,第一个增援中队应该是特勤消防中队。现在的问题是按照传统的惯例调动第一出动力量,能否满足现实灭火作战的需求,是否要考虑新的作战编成,来强化第一出动灭火力量,例如,消防中队第一出动力量能否出动 5 辆车,这样在火场能保持出 6 支枪、可控制 300 平方米左右的燃烧面积;再如,对于敏感的时间、地点、环境报警,在第一时间段调动 6～10 个以上中队出动,把有生兵力一次性投放出去,力争强化第一时间控制火势的作战能力。

3. 调动兵力要考虑加权系数

3.1 应对特殊灾情需求

在关于"火灾等级及灭火力量调动"的科研课题中,专门研究和突出了在正常调兵程序的基础上,考虑加权系数对特殊灾情灭火力量调动的影响,提出了在特定的时段、特定的单位、特定的对象、特定的环境下接到的火灾报警,除了按正常的火灾等级规定的力量调动以外,还必须考虑加权系数,在灭火力量的数量和质量上给予强化,以应对特殊灾情在灭火力量上的需求。

3.2 面对火灾对象特点

高层建筑起火,必须要考虑调动一定数量的举高消防车;地下工程火灾则要调集抢险车、排烟车;交通工具火灾有必要调集抢险救援车、铲车、拖车和吊车等大型工具车;大型商场、市场或仓库由于空间大和可燃物多,火势发展极快,要多调大功率水罐主战车;石油化工火灾,则要根据其爆炸燃烧、有毒等特性,调集相应的化学消防车和适用的灭火药剂。

3.3 针对复杂环境因素

我国消防部队在按加权系数调集力量方面,从实战中积累了丰富的经验,如大火高发的时间段、强风等气象情况、报警频繁的火灾现场等,只要发生火灾时环境复杂,就能迅即作出反应,特别是深夜 12 点以后到凌晨,容易发生发现迟、报警晚的大面积恶性火灾,更要调重兵于火场堵控火势;统计过不少战例,有的大、中城市消防部队在接到报警后的 15 分钟内,分批调动了 20 多个中队、消防车达 50～60 辆,这样打仗必定会有胜算。

二、切实把握火场救人行动

火灾事故（特别是重特大火灾）发生后，往往都伴随着人员的伤亡。火场救人就是消防队员使用各种方法或器材装备，积极疏散遇险人员，抢救人员生命，或通过改善被困人员的生存环境，避免或减少人员伤亡的处置行动。疏散救人是消防部队灭火救援的首要任务，是消防部队极其重要的灭火战斗行动。火场救人的重要性不言而喻，但如何指挥、如何组织、如何把握火场救人行动，却是非常复杂、非常艰难、非常值得研究的问题。对于这个问题，有些消防指挥员把握不住，有的认识上有误区、有的时机抓不准、有的行动组织慌乱，还有些指挥员理论上很明了、操作上有偏差，因此，有必要好好梳理一下火场救人问题。

1. 坚持救人第一的指导思想

1.1 "救人第一、科学施救"

这是我国消防部队灭火救援的指导思想。从二十世纪九十代开始,救人第一的理念在全国公安消防部队和多种形式的消防队指战员的战术意识中,都已经形成共识,即在火灾和各种灾害事故面前,保护人员与保护物资,抢救人命和抢救财产,减少人员伤亡和减少经济损失相比,人的生命是最宝贵的,是高于一切的财富。

1.2　灭火指挥、救人唯大

　　消防指挥员在火场或灾害事故现场必须明确,救人是灭火指挥的第一要务,是战术思维的第一层面,是指挥员灭火救援决策的第一要素,是部队作战行动的第一目标,是火场各种难题中名列第一的主要矛盾。

1.3　查明情况、快速部署

　　消防队伍到达现场后,指挥员首先要弄清火场是否有人被围困或受烟火威胁,以及被困人员的数量及大致部位,研究抢救的途径与方法。然后采取果断措施,快速部署行动,或堵截火势、或破拆结构、或强攻突破、或外部登高,以坚定的信念、积极的姿态、果断的部署、有效的措施,千方百计地组织对被困人员的抢救。

1.4　行动准确、科学施救

　　在强调救人第一的同时,不能忘记指导思想的后四个字。"科学施救"是灭火救援指导思想的核心理念,是消防指挥员灭火救援指挥的灵魂。"科学施救"的理念,贯通灭火救援所有的作战行动范畴,统帅指挥员灭火救援的指挥意识,针对消防队伍所有的战术、技术措施和一切战斗行动,作为火场或灾害事故现场第一重要的救人实施,也必须建立在科学基础之上,坚决贯彻"科学施救"的核心理念。消防指挥员在指挥灭火作战时,必须明确"科学施救"是核心、主轴、基础、根本。只要牢牢把握"科学施救"的理念,就能赢得灭火救援行动的主动权,就能抢救出更多人员的生命,就能有效减少国家和人民财产损失,就能把消防队员在灭火救援行动中的伤亡事故降到最低限度。

2. 争取第一时间段有效救人

2.1 初战指挥员担负着救人的重要任务

初战指挥与火场救人行动的关系非常密切。因为初战指挥期间是最有效的救人阶段,是被抢救出的生存者最多的时期,火灾的实例告诉我们,火灾初期能够抢救和疏散出很多的人员,稍稍延迟,火场救人行动就会越来越艰难,被救出的幸存者就会越来越少,救人行动的风险就会越来越大。可见,初战指挥担负着火场救人的重要使命,责无旁贷,必须认真研究、精心组织、沉着指挥、科学施救。

2.2 搜救是救人的有效方法

搜救包括搜索、搜查、搜寻,这是火场救人的有效方法。搜救是消防队伍到达火场后的前期行动,后期的清理不是搜救。清理和搜救是两个概念,处在不同的时间段。搜救通常在火灾扑救的前期进行,具有积极主动的含意;清理往往是在火灾扑救的后期或结束后实施,有无奈被动的感觉。通过清理可以寻找到遇难者,也能发现极少的幸存者,但清理行动和搜救行动不能是一个概念,在救人的效果和时段上有很大的差别。

2.3　注意搜救的最佳时机与有效时期

搜救的最佳时机,是消防队员容易突破烟火封锁、方便进入火场行动,能较为成功地抢救出被困人员的最好时间段。包括火灾初期、辖区中队到场、列入第一出动的相邻中队到场等。此时烟火刚起不久,燃烧范围不大,经常是消防队伍进入火场展开侦察、救人、堵控火势等作战行动的时间。

搜救的有效时期尽管不是最佳时机,但在这一时间内深入内部实施救人,被困人员仍然有生还的可能。如第一增援力量到场,奉命进入内部堵截火势的同时,既然水枪能进入内部阻击火势,当然也能在这一区域进行搜救;再次是攻坚组深入内部侦察火情的同时,只要消防队员能够深入内部侦察火情,就有可能在水枪掩护下实施搜救;还有就是火势向上层蔓延之前,在燃烧层上层部署水枪控制堵截的同时,当然也有机会深入上层内部实施搜救。

3.　正确处理救人与灭火的关系

3.1　理解救人与灭火的辩证关系

救人与灭火相辅相成,在需要救人的时候,可以把它看成是一个整体。一个火场如果没有人被困,那就是单纯的灭火;如果有人要救,那么救人往往要相伴灭火。前提是救人,但救人必须同时灭火,因为人员受烟火围困或侵袭才需要救,没有烟火或烟火不大就谈不上救人,可以引导他们自己逃跑或组织疏散就行;有烟火就要出水灭火驱烟,或掩护救人行动,可见灭火就是救人。救人与灭火在火场救人时应该是一个概念,一个整体,不存在第一第二的关系。事实上,只要烟火稍成气候,消防队要救人就得先控火,起码用水枪掩护或开辟救人通道。如果没有水枪对付烟火,很难有效的救人。

3.2　注意救人行动的配合协调

为了达到救人的目的,指挥员明确布置了救人行动,但部队展开救人行动时,第一个动作不一定就是救人。可能是水枪开道降温驱烟,可能是破拆结构打开通道,或者是架设消防梯至窗口阳台、操作举高消防车到楼顶平台展开营救。所有这些行动,都是为了满足救人的前提条件,完成救人行动的组合协调,以有效地组织火场救人。

3.3　准确判断灾情先行灭火

消防指挥员不要机械地运用"救人第一"的灭火作战指导思想,特别是高层建筑发生火灾,没有认真查明火场是否有人要救,没有仔细侦察判断火势情况、以及火势对被困人员的威胁程度,就大喊救人第一而带着官兵往楼上冲,直到组织人员实施搜救行动之后,才知道火场内确实没有人员要救,而失去了堵控火势的良好时机,使火势得以扩大蔓延。消防指挥员要明确这样一个道理,当查明火情不是十分严重,到场力量能够予以控制的情况下,应该果断组织力量堵控火势,只有及时把火势控制了、扑灭了,才是真正保护了楼内所有人员的安全。如果不顾火势情况,只顾冲上楼去救人,那么你还没有到达被救人员的位置,燃烧的烟气就会尾随而至,不仅人员难以救出,消防官兵的生命安全也会受到严重威胁。

4. 掌握抢救人命的有效方法

4.1 运用可能的方法和工具抢救人命

要根据火场的建筑、环境和灭火装备情况,尽可能地运用一切方法、使用各种可以操作的装备,积极、稳妥、有序地投入救人行动。消防二节拉梯、三节拉梯、挂钩梯,云梯、曲臂平台举高车,消防电梯、消防疏散电梯、疏散楼梯,超高层建筑有条件时使用直升机,投入使用的高层建筑可以借用擦窗机,在建工程还可以使用施工塔吊,火灾初期或条件许可时,可以使用普通电梯,很多的火灾案例已经充分地证实了这些工具和途径在抢救疏散人员方面的有效作用。

4.2 严格执行消防梯救人操作规程

禁止将举高消防车梯端(工作平台)或架设的消防梯直接靠至被救者区域,以免被困人员争相上梯疏散而造成人员拥挤、推拉等坠落事故;接近被救人员的梯端、梯顶或工作平台处必须有消防队员。接近被困人员时,消防队员要告示大家镇静、不要争抢上梯,然后到达被困人员区域,按照国际惯例组织人员分批有序地进行疏散。拉梯与挂钩梯联挂时,要在每层窗台安排人员扶梯、接应,照料被救者逐步下撤疏散,并辅以情绪稳定工作。不管用什么工具、什么器材、什么方法疏散抢救出来的人员,都要有警察和医务人员配合逐一询问、登记,了解被救者精神状态,检查被救者身体状况,对受轻伤者给予治疗处理,情况严重者送医院诊治,情绪失控者予以劝导安慰,并一一留下联系方式,以便备查,还可为战评总结保存依据

4.3 针对救人特点着手准备工作

尽管时间十分紧迫,消防官兵还是要按照建筑特点、火势大小和被困人员多少而抓紧做好准备工作。除了携带照明、破拆工具和安全绳等装备以外,要多准备一些简易防毒面具、湿毛巾、湿口罩等,以便提供给浓烟环境下的被困者使用。在生与死的危急关头,消防战士当然要把生的希望留给人民群众,把危险留给自己;但是负有登高抢救人命重任的消防官兵,要慎重考虑是否将防毒面具让给途中相遇的疏散群众。

5. 尽力抢救生死边缘的被困人员

5.1 被困人员生死一线间

在缺氧的某些场所,如密封性较好的地下室、操作间,井坑、罐槽或充斥烟雾的火场,被困人员因缺氧窒息、毒气侵袭、

烟雾围困有一定时间而气若悬丝、频临死亡。这些被困人员在抢救时机和方法上稍有不慎,就会划到死亡人员的名单中,消防指挥员必须重视这个问题。

5.2 送空气给予活路

抢救缺氧空间的人员,如用三脚架井坑救人,包括罐、槽和地下室和密闭空间窒息昏迷的人员,施救有一定难度,还必须有实施救人的准备时间,此时应先打开空气呼吸器瓶,吊送到被救人员身边,改善缺氧空间的空气质量,让处于生死边缘的被救人员吸入新鲜空气,或维持其生命,或将其从死亡线上拉回来。当救护人员到被救者身边时,这个"预抢救"过程已经结束,可以从容地将被困者救出。

5.3 改善被困人员环境

进入烟火区域搜救人员,特别是遭遇过烟雾、高温,但火势已弱的环境,不要认为已经没有火了,就不出水枪进入室内救人,而一定要深入救人的同时,出喷雾水枪驱烟降温。因为被困人员受烟雾熏烤多时,有的几近窒息、有的呼吸器官受伤,已经一息尚存、处于生死边缘。当水雾喷向被救者时,能改变被救者的生存环境,使生死边缘的人员得以生还的可能。这些人一刻都不能耽误,必须想办法立即送医院救助,以增加活命的概率。

三、火场内攻排烟，
开辟"单行道"

在很多的灭火实战中，消防队伍到达火场后，被滚滚浓烟阻挡，即使三、四层楼也难以突破，烈火肆虐、浓烟翻滚、时间紧迫、人命关天。作战结束，尽管消防官兵果断采取措施，使用消防梯和举高车从楼层的窗口、阳台等处救出了不少人，但四楼、三楼，甚至二楼都有人死在门厅、走廊。这说明消防部队在内攻的组织实施上还有薄弱环节，其实质是能否在第一时间突破浓烟，深入内部抢救被困人员。

1. 客观了解火场烟雾

根据建筑火灾的基本规律，在燃烧的火势没有直接波及到的区域，烟雾是被困人员的主要威胁，也是消防队员救人行动的主要障碍。

1.1 烟雾在火场客观存在

烟雾是火场的"表象"，也是火场的"内容"。只要燃烧没有熄灭,烟雾总是依据物质的特性、燃烧的状态和程度源源不断地冒出来,在建筑内主要是向上部翻卷扩散,当然也会充斥其他可达的场所。

1.2　火场行动的关键是突破烟区

消防队伍到达火场后,要进入起火建筑抢救人命或阻截火势,关键是能够克服障碍、突破烟区。我们一再强调,浓烟不能是阻挡消防队员进攻的因素,尤其是五层以下建筑,结构不是很复杂,火灾初期建筑不会倒塌,一般不存在爆炸条件,消防队到场时只是浓烟充斥。但消防队员佩戴防毒面具,以水枪开道,强行突破,到达三、四楼搜索救人,兼以灭火驱烟,可能性完全存在。

1.3　排烟减轻内攻压力

消防队员在火场实施内攻、突破烟区的同时,要在第一时间采取排烟措施,以减轻内攻行动的压力。可利用建筑结构加快自然排烟效果,或使用固定或移动式排烟机抽排烟雾。实施内攻行动的攻坚小组,应该用喷雾水枪、或细水雾喷枪驱排烟雾,掩护内攻行动。

2. 开辟烟气流动"单行线"

按照城市交通格局的需求,往往设立单行线,以利车流通行,避免道路交通堵塞。建筑火灾需要内攻救人的场所,也要注意保持火灾烟气的单行线,使深入内攻救人灭火的消防队员有效地展开行动。

2.1 封压排烟窗口后果严重

消防队伍到达火场时，起火建筑燃烧层以上的开口部位往往是浓烟翻滚、喷涌而出。如果消防指挥员命令强力水炮、水枪向冒烟的开口部位喷水，那么大量高温浓烟就无法排泄出去而向楼内倒灌，这种情形非常可怕，后果是导致被困人员雪上加霜，搜救人员寸步难行。

2.2 保持建筑上部排烟顺畅

水枪、水炮不要在下面射水把上部冒烟窗口封住，尽量让燃烧的烟气从上层开口部位顺畅地排放。如果窗户没有开启、玻璃没有破碎而烟气难以排放时，应架设消防梯、或使用举高车破拆或开启上层窗户，甚至用水枪射水破碎玻璃，促进上层窗户排烟。

2.3 窗口有人要救需灵活处置

遇有冒烟的窗口、阳台有人员呼救时，应设置水枪向有人待救的部位射水保护，减轻高温烟气对待救人员的侵袭。一旦待救人员被成功获救或转移，要立即停止射水，恢复畅通的排烟状态。

3. 运用有效方法加大排烟力度

进入火场搜救人员的消防队员，要采取有效措施，与烟雾抗衡,削弱浓烟的侵袭与影响,创造突破浓烟封锁向目标前进的条件。

3.1　形成"下顶上拔"的排烟格局

在建筑上层开口部位顺畅排烟的情况下,消防官兵要组织强势喷雾水枪,为进入火场的搜救队员掩护开道。一般要布置 2～4 支喷雾水枪,沿楼梯间向上稀释、喷顶烟雾,以加速上部排烟速度,降低室内烟浓度,增加室内能见度,提高救人行动力度。

3.2　视情扑灭明火消除烟雾源

进入建筑内部搜救人员的攻坚小组,如果行动中发现有燃烧的火源,应停止搜救,毫不犹豫地扑灭火源,因为火场有"火源不灭、烟雾不散"的规律,扑灭火源,就消除了烟雾源,也从根本上保护了楼内人员的安全。

3.3　采用科学合理的排烟方法

在火场除了用"上拔下顶"的排烟方法降低室内烟雾以外,消防部队还可以调动排烟器材装备用于火场,以辅助救人灭火攻坚组深入内攻的作战行动。使用排烟车、移动式排烟机抽排室内烟雾时,要避开攻坚组展开行动的部位,防止导流浓烟影响攻坚组的搜救行动,可以在相邻的出入口、邻近的部位、不同的楼层进行排烟;在攻坚组行动的出入口排烟,可使用强力吹风排烟机,特别是水驱动大流量排烟机,增强排烟效果。多年来,消防部队火场排烟组织不力,主要受一种理论的影响，即"烟雾流动会引起气流变化，导致火势扩大蔓延"。其实，消防指挥员不要担心排烟的送风量对火势发展造成不良影响，因为在排烟的同时，强力水枪已经到位，送风对燃烧部位气流产生影响的时候，水枪的射流已经发挥了作用。

四、展开灭火战斗行动，
立足打近战

消防指挥员必须牢固确立强攻近战的意识。强攻近战是消防队伍几十年来灭火作战的经验总结，是我们老消防队员能够留下来的宝贵财富之一。现在灭火装备先进了，进攻手段现代化了，但强攻近战的传统不能丢，强攻近战的作风不能改，强攻近战的战术措施将永远不会过时。

我们反复强调——灭火必须坚持强攻近战！

1. 装备和作战环境决定了灭火必须强攻近战

1.1 消防部队目前没有远程精确打击武器

恐怕五十年内或本世纪内也不会有，可能有些人想搞灭火导弹、灭火炮，但很多技术、效果、经费、训练等问题都很难解决。譬如，军事导弹碰到目标就炸，而扑救建筑火灾的灭火导弹要穿透，现在的建筑外层类型繁多，就从窗户来看，玻璃厚度不同、窗户大小不同、窗框材质不同，穿透会遇到很多的麻烦。再如，有了灭火导弹，就应该建导弹试验场，其占地范围、经济投入都是难以想象的。

现在的消防车炮射程在 50～80 米左右，这个射程也只是一个手榴弹的投掷距离。水枪射程 10～20 米，这是近的不能再近的作战距离，而且我们历来主张，扑救居民家庭火灾水枪射流应控制在 10 米充实水柱，火势猛烈才用 13 米射程水流。

1.2　灭火进攻没有开阔地带

据统计，85％的火灾都是建筑火灾，如果火势在建筑内部燃烧，那么外部很难清楚地观察到燃烧的状态及其发展蔓延情况。建筑火灾扑救没有开阔地，不可能象枪炮一样在开阔地朝目标扫射，向建筑火势进攻诸多曲折，不接近火点难以直接打击火源，不进入房间难以有效打击火势；哪个房间在燃烧，必须从楼梯通过走道，或经过窗户、阳台进入哪个房间射水，才能有明显的灭火效果。

1.3　技战术措施适应近战需求

消防部队的很多灭火技战术措施，都要通过近战、或者说必须经过近战才能有效应用。如被救的人员受烟火威胁，开辟救人通道或排烟掩护救人都必须顶着烟火上；冷却疏散燃气瓶、氧气瓶都必须抵近操作，先冷却关阀，再搬动转移；关阀、堵漏、破拆更是零距离行动，目前没有一项可以遥控操作；灭火实战一再证明，灭火展开必须近战，近才有威力、近才有主动、近才有效果。

2. 注意火场展开近战的有利时机

2.1 初战是内攻近战的最好时间段

第一出动的消防力量到达火场后,消防指挥员要果断地、坚定不移的组织力量深入内攻。初战指挥是实施内攻的最好时间段,烟火刚起,情况明了,有很多有利的机会,基层指挥员千万不要失去这些难得的、很快就会失去的战机。特别是二、三层楼起火,不要以为火点在水枪的射程之内,就布置水枪在地面射水进攻,战例一再证明,这样"高打高吊"必然要吃大亏。消防指挥员必须确立这样的战术意识:只要有一丝机会、有一点可能,就要充分发挥消防铁军攻坚组的作用,深入燃烧区域组织进攻,与火势近距离、面对面实施打击,这与在外部射水进攻效果是完全不同的,只要在内部站住脚跟,事情就好办了。内攻近战无论在截住火势蔓延,或是扩大战果、步步深入,或是及时消灭火源等方面都会有明显的效果。

2.2 总攻是以内为主的近战行动

对建筑火灾发动总攻,通常是内外结合、以内攻为主的作战行动。展开总攻以前,外攻的实施一般限于对建筑突破外壳、火焰冲天的部位,火势向某一方位有猛烈扩展趋势的部位,门窗口喷出凶猛火焰的部位,窗口火焰翻卷而出、有向上层快速蔓延的等部位的攻击。展开总攻时,外攻的主要作用是打击暴露的明火,压制主攻部位的火势,冷却建筑结构,起到"火炮压制、火力清障、重武器"掩护的作用。展开总攻后,真正完成灭火任务的还是靠内攻行动,强势兵力分成若干作战小组,通过强攻突破、纵深发展、分兵合围、逐片消灭的步骤彻底解决问题。

2.3 强势堵截是近战防御

火场上火势的发展蔓延,以下风方向最猛烈,侧风方向次之,上风方向比较缓慢,消防部队通常选择下风方向为堵截火势的最佳阵地。就对付火势来说,下风方向是最有效防御阵地,也是最艰难困苦的作战阵地,前方是迎面而来的火势,身后往往是被保护的建筑、物品或设备,阵地活动空间小,有时只是一狭窄阵地,一狭小巷道,甚至只有一墙之隔,没有退路。强烈的辐射热烘烤,凶猛的火焰紧逼,滚滚浓烟扑面而来,有时甚至是视线不清,昏天黑地,似乎难以守住、却又要苦苦坚守的必争之地。这样的坚守阵地就是近战防御,这样近距离阻击凶猛的火势,与深入内部近距离打击火源一样,有着同样重要的作战效果。

3. 精心组织强攻近战行动

3.1 选准近战攻击口

一是离行动目标最近、便于进出、便于供水、便于进攻的部位;二是能够抓住火场主要矛盾,完成主要作战任务的进攻点,如救人、扑灭火源、疏散贵重物资等;三是从整体作战意图考虑的分队行动,如查明情况、破拆接应、纵深特殊行动等。

3.2　果断展开行动

强攻近战不能犹柔寡断,不能有等待或侥幸的思想,"等烟雾稍微淡一些"、"等温度稍微低一些"再行深入的想法会断送可能的成功机会,因为开始感觉烟雾稍浓、温度稍高的时候,已是进攻的最好状态,再往下去,火情愈演愈烈,内攻环境愈来愈差,强攻近战的机就不复存在。

3.3　内攻要组织强势兵力

内攻是克服烟火障碍、完成特殊使命的作战行动,力量部署必须强势,不能够不疼不痒的这边一支枪、那边一支枪,而是要集中一定数量的水枪,确保能突破口子,能撕开烟区,能降低高温,能掩护内攻行动进行。烟气浓、纵深远的区域,要组织梯次水枪协调行动;必要时应采取水炮、带架水枪等重武器掩护开道,其他攻坚组策应配合等措施。

五、在建工程，脚手架、外墙火，
首要任务——开炮！

在建工程是高层建筑火灾的重灾区。据统计，在高层建筑火灾中，在建工程火灾占85％以上，近两年我国较有影响的高层建筑火灾，如上海国际环球金融中心、哈尔滨市经纬360大楼，北京中央电视台新址配楼、上海市"11·15"等火灾，都是在建或装饰期间的高层建筑火灾。

在建高层建筑用火用电多，可燃材料多，安全管理难以到位，容易引发火灾；在建高层建筑着火后，没有固定消防设施控制初期火势，很容易成灾；尤其像上海"11·15"火灾那样楼内住人，楼外竖脚手架，到处堆放建筑、保温材料的施工现场，更是险情万分严重。

1. 在建工程火灾的不同建筑状态

在建工程发生火灾，其建筑状态根据施工进程而有所不同。

1.1 框架结构建设阶段

大楼正随着主体框架逐步升高,周边搭架着脚手架,上面铺设大量模板、支撑木和竹排,外挂安全网;此时墙体尚未封堵或留有门窗空洞,现场堆积大量的建筑材料。

1.2 主体工程封顶阶段

墙体除施工塔吊出入口没有封闭外,都已经砌封完成,内部进入设备安装阶段,外部利用脚手架粘贴外墙面。

1.3 室内装潢阶段

外墙施工结束,墙体全部封闭,脚手架拆除,楼内进入全面装璜阶段。

2. 在建工程火灾的不同发展态势

在建工程在不同的建设阶段,其火灾发展态势各异。

2.1 主体框架建设阶段火灾发展态势

发生火灾后火势沿脚手架及其他-可燃物迅速发展,上下左右畅通无阻,很快形成冲天火柱。其蔓延速度之所以如此之快,一是"内外波及",框架结构砖墙窗洞未及封堵,内外窜通。室内起火,火势喷向外部,引燃脚手架;外部起火,烟火又窜进楼内,引燃室内的可燃材料,造成火势在水平方向上快速移动。二是"上下呼应",下部起火,火势顺脚手架往上窜腾;

上部起火，燃烧散落物纷纷飘落在下部引起多处新火点，极易形成立体燃烧。三是"星火燎原"，脚手架等可燃物长期暴露在外，风吹日晒，犹如凌空架设的一堆干柴，一旦起火迅即能成燎原之势。

2.2　外墙敷设完成以后的火灾发展态势

一旦起火，不仅脚手架尚未拆除，火势快速发展蔓延的特点依然存在，再加上一些外墙用可燃材料敷设粘帖，那么会出现脚手架和外墙面同时燃烧的状况，火势将更为猛烈，很多火灾的实例已经使我们看到了这种情景。

2.3　施工进入室内装修阶段的火灾发展态势

内装修期间发生火灾后情况更为复杂，室内正在使用和堆积的可燃材料会推助火势向上发展，安装的固定消防设施尚未启用，室外原来可以登高的塔吊已经拆除，从楼内登楼展开灭火行动将异常艰难。

3.　在建工程火灾扑救的作战要点

3.1　明确战斗展开的不利因素

3.1.1　建筑工地消防车通道往往被建筑材料堵塞，主战消防车、大功率水罐车和举高消防车难以靠近着火建筑，强势水炮的射程因而受到影响。

3.1.2　不仅室内固定消防设施未及安装，工地及周边地下消防管网往往也没有铺设,室外消火栓未能安装使用,因此火场水源缺乏,需要从较远的距离供水。

3.1.3　如果外部脚手架烈焰熊熊,消防队员深入内攻的危险性就很大,因为室内楼梯没有安装扶手,在外部脚手架遮挡,内部充斥烟雾的情形下,能见度很低,进入内部救援灭火的消防队员,稍有不慎就有从楼梯间坠落的可能。

3.1.4　在楼内着火层以上或脚手架上可能有一定的施工人员待救,而组织抢救掉路在安全网上的人员的作战行动十分艰难。

3.2　首战任务—开炮

在建工程发生火灾,脚手架、外墙火是火场的主要矛盾,控火是救人灭火的关键。第一出动力量的消防指挥员临场的第一道作战命令就是开炮,队伍的第一个作战行动是架炮猛轰,然后或者是同时派出救人、侦察小组。不管起火点在上部、中部或下部,即使下半部没有火,也要用射程最大的水炮喷射,一般能控制 60～70 米的高度。

3.2.1　这一高度的脚手架和墙面被浇湿了,上面脚手架的燃烧飘落物就难以引燃下面的脚手架,顺着墙面往下烧的火势也会遇到阻力。我们的指导思想,就是要切断脚手架和墙面火势的上下串通,防止形成立体型的冲天火柱。

3.2.2　可以把水炮能够控制的高度作为向楼层上部脚手架火势进攻的可靠后方,有了这一高度的喷水保护,消防队员进入楼内的侦察和疏散救人行动就增强了安全系数,不会因为脚手架形成立体火灾而切断消防队员的退路。

3.2.3 同样可以把水炮能够控制的高度作为向楼层上部脚手架火势进攻的前沿作战阵地，如果起火点在 100 米以上，消防部队可以安全地进入楼内，沿楼梯铺设水带，以 60～70 米处作为前沿阵地，以水枪开道，逐层向上进攻，直至火点。

3.3 根据火场情况展开救人行动

火场上展开救人行动的情形和难易程度并非千遍一律，而是要根据具体的实际情况，灵活应对、从容处置。

3.3.1 一般说来，在建工程火灾的被困人员应该是现场的施工、管理人员。由于对现场的情况比较熟悉，所以火灾初期在起火点以下的人员能较好地疏散撤离。需要救助的往往是在起火点以上来不及疏散，受烟火侵袭难以撤离，或是惊慌失措、行动失误、掉落在安全网上难以脱身的人员。如果举高车的高度能及，那救助人员的行动会比较有效；对于起火点以上的人员，要组织攻坚组强行突破疏散抢救；掉落在安全网上的人员，救助比较艰难，务必精心组织救援行动。

3.3.2 像上海"11·15"这样的火灾，只能说是个特例。因为单元式住宅楼的火灾蔓延速度是缓慢的，除了窗口、阳台可能向上蔓延以外，住宅的一户向另一户的蔓延是比较困难的，所以高层住宅楼一般都不要求安装报警或自动喷水设备。不过遇有楼内住人，楼外架设脚手架施工的现场要充分注意；更不允许在楼内住人的施工现场放置大量的可燃装修和保温材料。遇有这样的火灾，先期到场的消防力量要加大用水炮向脚手架喷水的力度，务必以最大的努力控制火势的扩展。用炮喷水时要注意，如果建筑外一个墙面的脚手架起火，就在这一个墙面喷水并切封两侧；如果有两面或三面都已燃烧，则应集中力量向建筑楼梯口这一面喷水，因为这是楼上人员疏散的通道，也是消防队员登楼救人及设立水枪阵地的惟一途径。

3.3.3　初战指挥员应该明确，能否控制火势应该是火场的主要矛盾。火势无法控制的现场，救人行动将十分艰难，如果不射水控制脚手架，消防官兵登楼救人或灭火的行动将是非常危险的，消防队员的退路也是后顾之忧。如果能够控制火势，就从根本上保护了火场所有人员的生命安全。消防部队到达火场后，看到上部楼层的脚手架在燃烧，完全不必惊慌，不要忙于登楼灭火，还是要致力于先控制中、下部的脚手架，因为火势往上烧的只有上部一些脚手架，不会有其他严重的问题，如果人员盲目登楼，就有被困造成伤亡的可能。

六、超高层区域的
攻坚组灭火行动

　　1985 年,世界公认高层建筑为火灾扑救的新课题,近 30 年过去了,难题仍未攻克。残酷的高层建筑的火灾现实告诉我们,随着经济社会的发展,高层建筑火灾不仅离我们很近,而且将越演越烈,尤其是数百米的超高层建筑发生火灾,燃烧更猛烈、伤亡更严重、扑救更困难,甚至会发展成使人们一筹莫展的冲天大火。全社会、特别是消防部队指挥员要对这一严峻课题确立危机感。

1. 高层建筑火灾形势严峻

　　世界上自第一幢高层建筑诞生以来,已有 130 余年的发展历史,其间高层建筑的火灾始终没有停止过。从近几年的火灾实例来看,现代高层建筑的火灾形势更为严峻。

1.1 建筑数量急剧增多,火灾概率随之增大

　　1981 年,全国仅有高层建筑 600 余幢,其中高度超过 50

米的仅 50 余幢。据 1990 年初统计,全国高层建筑已有 10 929
幢,比 1981 年增加了 17.22 倍。时至今日,上海市高层建筑已
超过 16 000 幢,重庆市的高层建筑也已超过 13 000 幢。高层
建筑发展如此之快,数量如此之多,各大中城市到处都是已建
成的和在建的高层建筑群,发生火灾的概率必然随之增大。

1.2　建筑高度不断攀升,消防问题严重彰显

我国的高层建筑解放前只有 10 余幢,最高的是上海国际
饭店,24 层高 86 米;1990 年,全国 100 米以上的高层建筑仅
44 幢,最高的北京市京广大厦 207 米。但后来,我国出现了高
421 米的上海金茂广场,450 米的南京绿地广场,以及 101 层,
492 米的全国第一高楼上海国际环球金融中心;预计于 2014
年完工的"上海中心"高度为 580 米,将是下一个十年我国最
高的建筑物。城市建筑如此攀高反映了经济社会的飞速发
展,繁华了城市景观,节省了建设用地,其功能显示的优越性
还有很多,问题就是一旦出现火灾或其他灾害事故,后果将非
常严重。楼越高、体量越大,有了灾害就越危险,消防指挥员
对这一点必须有清醒的认识。

1.3　火灾状态特殊复杂,灭火难度差异很大

高层建筑发生火灾以后,总的规律是火势蔓延、特别是高
温烟气向上发展的速度很快;楼内人员疏散途径少、行动不
便,消防队伍登楼展开灭火行动无比艰难。但由于建筑状态、
高度、功能及起火点部位不同,就会使高层建筑出现特殊复
杂、差异很大的火灾特性。如高层建筑在土建施工、装潢施工

和投入使用等不同状态时，火势发展、扑救难易、作战环境截然不同；建筑高度在几十米、一百五十米和二百米以上等不同高度时，控制火势、登楼行动、灭火展开等难易程度差异悬殊；以及起火点在上部、中部和下部等不同楼层时，燃烧规律、灾情后果、战斗展开各有利弊。面对高层建筑火灾的不同状态，灭火行动的艰难程度不是一个概念、不能用一套相同的战术措施来对付所有的高层建筑火灾，而要采取完全不同的灭火战术技术措施。

2. 难以应对的高空火灾

我查阅了国外较有影响的 58 起高层建筑火灾，其中有 10 起火灾在起火后火势发展蔓延到顶层，形成"冲天火柱"，占 17.24%。如 1992 年 2 月 4 日巴西圣保罗安得拉斯大楼火灾，起火点在二楼百货店衣料部，50 分钟后大楼变成火柱，地上 31 层 28 500 平方米全部陷入火海。高层建筑火灾的发展蔓延，主要受其建筑特点的影响；超高层建筑火灾形成"冲天火柱"，后果是可怕的、灾难性的；火势难以控制的重要原因之一，是消防队伍的灭火战斗行动受到超高层建筑的严重制约。

消防部队展开灭火战斗行动，需要有一个基本能够施展行动的环境和条件，如消防车辆或装备停放并使用的场所，火场有疏散抢救人员的通道或途径，消防队员能够到达火灾的燃烧部位，消防装备能够充分地发挥作用等。然而，高层建筑由于其建筑的本性特点，恰恰难以具备灭火战斗行动展开的环境，仅有的一些条件，也难以满足人员疏散和灭火展开的需求,如果是几百米的超高层建筑,消防队员的登楼行动将显得更为艰难。

2.1 抢救疏散人员的途径很少

高层建筑发生火灾以后,可供失火层以上楼层人员安全疏散、脱离险境的途径很少,极少数可以用来逃命的通道也处处艰难险阻。特别是 100 米以上的超高层建筑,失火层以上的人员只能通过疏散楼梯向上到达屋顶待救,或向下到达地面;还有就是通过消防电梯疏散。消防队员在火场抢救人员,大致也是这两个途径,楼层稍低时可以使用举高消防车和随车消防梯疏散人员。但在火灾情况下,受烟气和高温的影响,这些途径和方法能否使用都是个未知数。有些建筑的疏散楼梯、防排烟设施、楼梯间前室等的设置不符合《高层民用建筑设计防火规范》的要求,如有的防火门被违章打开卡住,起火后烟气卷入梯道,疏散楼梯间成了烟囱,救人疏散的形势将非常严峻。

2.2 直升机救人应用还不成熟

直升机应用于火灾扑救,世界上发达国家在二十世纪七八十年代有很大的发展,如美国、日本、韩国等一些大城市的消防队伍配有多架消防专用直升机,而且在高层建筑火灾扑救中得以成功应用,在高层建筑发生火灾时从屋顶营救出很多的被困者。直升机在火场的应用除了营救屋顶的待救者、包括运送伤员到医院以外,还可用于火情侦察、作战指挥、运送消防队员和灭火器材。然而,直升机在火灾扑救中的应用发展,从二十个世纪八十年代以后就缓慢下来,至今也没有形成规范的作战功能。从我国的情况来看,一是还没有正规组建航空消防站。1990年深圳的超高层建筑灭火演习,配合演习的直升机仅仅在大楼上方的天空转了一圈,意味着有直升机协同行动,就飞走不见了踪影;前几年有几个省的消防部队举行的大型灭火演习,也都是直升机在楼顶上部悬停,放下绳索牵引上一个人,表示已经救人就飞走了;江苏省第三届消防运动会汇报表演,设计了直升机随云梯车超低空飞过主席台接受检阅,高层起火时直升机冒着浓烟在楼顶停下,把两人救上飞机,然后飞起停落到地面草坪上,救护车靠近直升机,由地面医务人员把直升机上的被救人员抬下送上救护车去医院,也仅仅是一个模拟的过程而已。由此可见,我国消防部队还没有进入应用直升机扑救火灾的阶段,更没有规范的直升机灭火行动指南和训练科目。二是直升机靠近楼顶的救人灭火行动比较困难。如在建筑物的楼顶平台要有能承载直升机降落的平面空间,这空间内及其周边不能设置电视天线、装饰构筑物、广告牌及其他障碍物;另外,高层建筑发生火灾以后,特别是起火楼层较高时,火焰所造成的热气流极不稳定,建筑物四周浓烟滚滚,都会影响直升机在楼顶平台的顺利降落和操作。因此,国外对火灾情况下应用直升机从高楼救人长期存有不同的意见争论;而国内建筑设计的消防规范对超高层建筑直升飞机停机坪的设置也没有强制性规定,规范中的规定采用了"宜设"的文字,事实上国内大部分城市中的超高层建筑都没有设置直升飞机停机坪,这就为直升机的应用增添了复杂的变数。三是现阶段可能会借用"不专业"的直升机。

一旦遇有超高层建筑火灾时,火场总指挥部会临时请求军队或直升机营业公司派出直升机配合行动,而如果事先没有充分的训练和准备,没有制定直升机配合行动预案,包括直升机与火场指挥部及地面部队的联络与协调,没有定期组织有直升机配合的实战演练,在火灾危急的时候匆忙应急上阵,那就是一定程度的冒险行动,会遇到十分复杂的险情,甚至出现事与愿违的结果。

2.3 举高消防车使用受到限制

举高消防车是在高层建筑火灾扑救中展开救人灭火的现代装备,对于扑救高层建筑火灾起着十分重要的作用。1990年以后,我国消防部队配备了一批 50 米或 53 米举高车,后来又引进了少量的 72 米博浪多曲臂云梯车,近年来又引进了 90 米举高车,现在国内又有了 101 米举高消防车,可以抵达的楼层也越来越高了。然而,举高消防车在高层建筑火灾扑救中的应用仍然受到很大的限制,举高消防车在高层建筑灭火战斗中的作用发挥仍然不尽人意,存在的主要问题:一是建筑高梯子低、实战高度受限。一般说来,50 米以下的举高消防车性能比较稳定,操作快捷可靠,安全系数较高,能在高层建筑 16 层以下的楼层展开行动;70~90 米的举高消防车,举升的梯端受风向、风力的影响,梯顶操作的稳定性、安全性会受到一定的限制,但举高功能可以在高层建筑 30 层以下的楼层发挥相应的作用;如果超高层建筑发生火灾,起火楼层又在 200~300 米以上时,举高消防车的举升高度就相差甚远,别说是举高度远远不够,就是举高射水高度也远远够不着边。二是车辆"三超"、途中行动受限。一般说来,举高消防车车身超长、超高、超重的问题非常突出。53 米的举高车车身长 12.5 米、72 米举高车长 13.5 米、90 米举高车长 15.95 米、101 米的举高车长 17.01 米,这在途中行驶和火场周边展开行动受到很大的限制;而且 101 米举高车车身高超过 4 米,突破了城市许多涵洞、隧道、高架桥限高 4 米的限度;101 米举高车总重量也超过了 50 吨,突破了城市许多桥梁 50 吨以下的限重。三是登高作业面窄、举升环境受限。在火灾情况下,高层建筑预留的五分之一登高作业面存在着很多问题。高层建筑沿着街道、马路一侧基本上全部是裙楼,根本没有登高作业面可言;预留的登高作业面一般都在迎街建筑的背面,或建筑区域的院内,举高消防车到达那些部位很不方便、甚至可以说很为艰难;说起来是五分之一的登高面,实际上去除裙楼、实体墙等不宜举高车举升操作的部位,真正留下的登高面宽度往往只有 2～3 个窗户,而且地面不能保证预留消防举高车位,经常有违规车辆停放在这些地方,在火灾的情况下,消防队员通过举高车进入高层建筑救人灭火的难度可想而知。四是作战阵地靠前、停车部位受限。在火灾扑救中,主战车一般停在离起火建筑一、二十米的地方,铺设水带或利用车顶消防炮展开进攻;而举高消防车必须紧靠起火建筑才能发挥作用,一辆举高消防车如果要举达最大高度救人灭火,那么它停车的部位离开建筑应该是 5 米,否则就难以达到理想的举高效果;在灭火战斗中,上述部位会出现停放其他车辆、出现其他障碍、以及作战消防车率先停放堵塞通道而使举高消防车难以到达理想的作战停车部位。

2.4　电梯疏散救人有待进一步研究发展

高层建筑发生火灾时,大部分人首先会想到利用电梯疏散逃生。但是,由于对电梯在火灾情况下运行可靠性的质疑,我国现行的《建筑设计防火规范》和《高层民用建筑设计防火规范》中规定电梯不能用于疏散,在火灾条件下只有消防电梯允许使用,其他-普通电梯必须降到首层。消防电梯的主要功能是用于消防队员展开灭火救援行动,而且消防电梯造价高、设置数量少,还需要有消防队员到场开启才能运行,无法满足火灾初期大规模人员疏散的要求。所以,楼梯疏散是目前高层建筑发生火灾时的唯一倡导的疏散逃生方式,当然也会出现疏散逃生的时间长、不利于老弱病残幼的疏散逃生等问题。因为据有关专家测定,当每层有 120 人时,15 层大楼内的人员疏散到地面需要 19 分钟、30 层大楼则需要 39 分钟,上海金茂大厦曾经做过试验,有一群身强力壮的员工从 85 层楼往下跑,结果最快跑出大厦的一个员工也化了 35 分钟,这实在没有任何拥挤的情况下进行的演习;另外,在有限的楼梯空间内,一旦有儿童、残疾人和行动不便的老人出现在疏散的人流中,势必将影响整个人流的疏散速度,甚至造成堵塞。

1977 年,美国和加拿大学者分析了普通电梯在高层建筑发生紧急情况下的作用,并初步研究了使用普通电梯对总体疏散时间的影响;20 世纪 80 年代后期,美国和加拿大合作进行了在火灾情况下使用电梯疏散时采用正压送风方法对烟气控制的可行性研究;随后在 20 世纪 90 年代初,美国举行了一系列有关火灾中合理使用电梯的专题学术会议,将这一问题

的讨论第一次推向了高潮;1994 年,美国学者提出了电梯紧急
疏散系统的概念从理论和实践上初步确定了电梯在高层建筑
火灾中用于人员疏散的可行性;随后,英国、瑞典、挪威等欧洲
国家以及日本的许多学者也纷纷加入这一专题的讨论和研究,
在电梯疏散模型、电梯逃生情况下人的心理行为和疏散风险评
估等方面提出了许多丰富充实的见解;2003 年 CIB-CTBUH
在马来西亚召开的高层建筑国际会议和 2005 年 IAFSS 在中
国北京召开的第八届国际火灾科学大会上利用电梯疏散成为
会议讨论的热点,美国、日本、中国香港的学者对高层建筑发
生火灾时利用电梯疏散进行了较为细致的研究;近几年来,我
国越来越多的建筑、消防、机械等方面的专家学者开始对电梯
疏散系统进行思考,发表了一些学术论文,如防火专家章孝思
在《高层建筑防火》一书中提出了"火灾初期,起火单元内的人
员完全有可能通过普通电梯进行疏散,其安全性更有保障"的
观点;上海交通大学机械与动力工程学院、重庆大学动力工程
学院、武警学院消防工程系等科研院所相继进行过使用电梯
疏散的部分研究工作;2006 年 9 月,公安部上海消防研究所、
上海市特种设备监督检验技术研究院、上海弘益科技有限公
司和上海倍安实业有限公司联合向上海市科委申请了"高层
宾馆火灾情况下电梯应急疏散可行性研究"的科研课题,立足
以宾馆类建筑为突破口,利用各方优势,开展联合攻关,研究
高层建筑在火灾情况下,有条件的使用电梯疏散人员。

事实上,普通电梯在高层建筑火灾的安全疏散中发挥过
重要作用,世界各国有很多利用电梯成功疏散的案例,1974 年
2 月 5 日,巴西圣保罗市的焦马大楼的火灾初期,大楼内的 4

部电梯共成功疏散了 300 人,占 422 名生还者的 71%;在我国,火灾情况下利用电梯疏散的案例也屡见不鲜,尤其在火灾初期,利用电梯疏散逃生挽救了不少生命。随着城市建设的发展和高层建筑的增多,电梯数量也大量增长,仅上海市截止 2007 年就拥有 8.4 万余台电梯,这样庞大数量的电梯对于火灾情况下人员疏散、安全策略制定等具有无比巨大的潜能,在高层建筑发生火灾等危急情况下,发挥电梯的应急疏散作用,具有很高的科学技术应用价值。当然,在火灾情况下应该是有条件的使用电梯疏散人员,如限时使用电梯,在火灾初期 10 分钟内正常运行,过时就降至地面停止使用;或在电梯内装设温度、烟雾探测器,当温度或烟雾超过预定的数值就停止运行等。

3. 超高层建筑的灭火内攻行动

超高层建筑发生火灾,在不同的建筑高度、不同的起火部位,其火势的发展蔓延会出现不同的态势,灭火作战指挥面临复杂、多变、艰险的困境,很难有一成不变的作战模式,需要消防指挥员根据现场情况灵活处置。在此仅介绍几点指挥措施和攻坚组在超高区域的行动要求。

3.1 关注消防控制室

消防指挥员到达火场后,除了外部观察、询问知情人以外,重点要到消防控制室了解情况。因为超高层建筑这样一个庞然大物,在外部很难观察和判断出大楼内部的火情和消防设施运作情况,而超高层建筑火灾在很大程度上来说,主要应该依靠内部的自防自救能力,所以关注消防控制室具有十分重要的作用。消防指挥员要在第一时间到达消防控制室,通过感烟(温)火灾报警探测器反应的数量和延伸的方位,了解火势发展蔓延的基本走向;从卷帘门、水喷淋和防排烟的动作情况,判断建筑自动消防设施对火势的阻击作用;了解消防电梯、普通电梯和疏散楼梯的状态,选择疏散救人和深入内攻的途径;掌握消防泵开启运转和水喷淋、室内消火栓供水能力,决定是否需要消防车通过水泵结合器供水;充分利用应急广播系统稳定楼内人员情绪,引导被困人员疏散。由于全盘指挥的原因,火场总指挥离开消防控制室时,要指派一名熟悉消防控制室功能的干部(防火处长等)留守消防控制室,随时掌握内部消防系统运转情况,向火场总指挥报告相关信息。

3.2 抢占楼层制高点

超高层建筑发生火灾,无论火源部位在下部或中部,只要火势还没有发展成冲天火柱,楼内消防电梯、疏散楼梯没有被烟火封锁,就要及时派出攻坚组登楼抢占起火层上层的制高点,只要消防力量能够抢占楼层制高点,控制火势就有希望。攻坚组抵达的部位,要在起火层以上 5～7 层,因为超高层建筑火灾燃烧猛、烟气窜腾快、温度高,离起火层太近难以有效设立堵截火势的作战阵地,一旦堵截行动失利,再往上撤就很难站住脚跟。攻坚组要开启一定数量的室内消火栓,相对形成战斗力,先以喷雾水枪驱散烟雾、抵御高温、浇湿可燃物;到接近燃烧楼层时,改用直流水枪,以强水流阻截火势。

3.3 救人灭火行动兼顾

扑救超高层建筑火灾,消防指挥员一定要兼顾考虑并安排救人灭火行动。不能机械地应用救人第一的指导思想,不布置控制火势就冲上楼去救人,这样展开救人行动风险很大。一是当消防队员上楼还没有到达或刚刚到达被困人员部位时,燃烧产生的高温烟气就会尾随而至,不仅被困者难以抢救,消防队员也会受到烟气的威胁,消防指挥员在布置进攻的时候一定要考虑退路;二是在条件许可时,只要感觉到火势有控制的可能,就先组织登楼的力量及时控制火势的发展,还是那句老话,只有及时控制了火势,才能从根本上保护起火层以上人员的安全;三是组织水枪登楼作战,不仅能驱烟降温,掩护消防队员的救人行动,也能改变某些部位被困人员的生存环境以减少伤亡。所以,在超高层建筑的作战现场,消防指挥员可以在同一时间段先后安排三件事:

(1) 由若干个小组深入楼内阻击控制火势;

(2) 几个小组进入楼内疏散转移失火层以下的人员;

(3) 组织若干个攻坚组在水枪掩护下到达失火层以上救人。

3.4 超高区域的攻坚组行动

超高区域的攻坚组行动,是假设 200 米以上的超高层建筑发生火灾,起火部位在中、下部,已经形成冲天火柱,无法进入楼内打击火势,外部也难以举高射水控制蔓延,此时消防攻坚组受命从上部进入,居高临下对火势展开的控制行动。

3.4.1 直升机运送攻坚组进入阵地。直升机载运消防攻坚组,根据起火建筑情况,如果屋顶有直升机停机坪,就采用机降方法;如果屋顶没有直升机停机坪,就采用空降方法,直升机悬停,攻坚队员用绳索降落或跳落至屋顶。攻坚组队员除了加强个人防护以外,要分别携带喷雾水枪、直流水枪、消防水带和异径、异型接口,以安全有效地使用室内消火栓系统。

3.4.2 雾状水交替掩护下行前进。攻坚组从屋顶进入大楼后,要立即开启室内消火栓,出喷雾水枪,削弱燃烧层窜腾烟气的影响,沿楼梯间向下行动。一般说来,开启一个室内消火栓,接上一盘水带,可向下喷水行动 2~3 个楼层。攻坚组分成若干小组交替接力前进,每个小组完成一次接力,只关闭室内消火栓阀门,取下水枪,水带保持连接状态,以备撤退时使用。

3.4.3 充分考虑前沿作战阵地设置的提前量。攻坚组在一个楼层同时打开许可量的室内消火栓,射水控制火势,这种前沿作战阵地的设置,与多层建筑、甚至高层建筑火灾的上截火势作战阵地设置在上一层或上两层的措施有明显的差别。基本规律是:建筑越高、火势越猛,作战阵地离起火层越远。当超高层建筑火灾形成"冲天火柱"时,作战阵地应该设置在离燃烧层 5~7 层的距离,打开室内消火栓,先射水浇湿建筑结构和室内可燃物,使这几层成为湿层,还不停地往下淌水;攻坚组照此行动,层层下移,直至抵近燃烧层,射水打击火势;万一火势太猛,无法守住起火层的上一层,就往上再退一层,继续射水堵截,这时由于楼层和可燃物已经浇湿,燃烧上窜的火势受到了消防队员堵截水枪的阻击与已经喷水成湿层的阻力两种因素的影响,发展蔓延的速度就会明显缓慢,火场高温也随即降低,堵控并扑灭火势的可能性基本可以成立。

七、液化石油气火灾
扑救的攻防战术

液化石油气火灾扑救,是消防部队面临的重大难题。往往会出现先泄漏后爆炸,或是在消防队伍到达现场后处置泄漏的过程中发生爆炸;一旦发生爆炸燃烧,火势凶猛、燃烧面积大,冷却控制十分艰难;在燃烧中还能继续发生连锁爆炸,造成非常严重的后果和危害。

1. 确立攻防并举的指挥意识

在扑救液化石油气火灾时,消防指挥员在决策上要立足于攻防并举。

1.1 防护是前提

防护是进攻的前提、基础和保障,防护到位进攻才能有效。在火灾扑救的全过程,都要蹦紧预防这根弦,防爆炸、防中毒、防事态扩大,防灾情突变。要紧紧抓住液化石油气泄漏或爆炸造成重大恶果教训,有针对性地加强灾情预防,液化气泄漏时要千方百计地防止发生爆炸,有发生爆炸的可能时要考虑尽量减少不必要伤亡的对策,当然也要保证消防队员在任何时候、任何环境下的个人防护。

1.2　进攻是主题

在做好充分的预防工作的前提下,当然要组织有生的兵力、采取有效的措施发起进攻。如果遇有泄漏,首先要制止泄漏的猛烈扩散,条件允许就及时封堵处理泄漏的危险源,使液化石油气泄漏的现场不发生爆炸;若已经发生燃烧爆炸,即首先抢救遇难遇险的人民群众,同时投入重兵有效冷却控制持续燃烧的气罐或设备,防止灾情发展扩大;要认真查明液化石油气的燃烧状态、储存数量,查明有无发生其他-险情的条件及可能性,在强势冷却现场、把握掌控现场的情况下,伺机扑灭火势,消除各种危险因素。

1.3　指挥是关键

在液化石油气泄漏或燃烧爆炸的现场,消防指挥员的沉着冷静、科学指挥是取得成功的关键。液化石油气的事故现场随时会发生极其严重的后果,现场指挥不能有丝毫的闪失,尤其要防止和避免出现不应有的失误。一是麻痹思想,对可能的后果估计不足,"不会有火源吧"、"恐怕不会炸吧"等,这种意识是万万不能有的;二是考虑不周,布置任务粗枝大叶,对每一个环节缺乏周到细致的思考研究,往往会在某一个细节上的疏漏而出现问题;三是不讲科学,情急之下见火就上,猛冲猛打,盲目蛮干,不注意遵循液化气火灾事故处置的基本原则和教科书上反复提醒的注意事项；四是犹柔寡断，面对恶劣的环境和可能出现的险情，惊慌失措，决策举棋不定，重大问题不敢拍板，因而失去有效的进攻时机。

2. 充分认识液化石油气火灾的重大危险性

液化石油气泄漏一般是呈喷射状、体积扩大 250 倍并迅速扩散，加之火源难以控制，爆炸随时都有可能发生；爆炸后的燃烧火焰，又会猛烈烘烤临近罐而引起爆炸的连锁反应。

2.1 储罐受热反应敏感，易于爆破

以装液量为 15kg 的钢瓶为例，其内容积为 35.3L，这个容积的确定是按液态纯丙烷在 600℃恰好能充满整个钢瓶而设计的。在正常使用时其环境温度决不会达到 600℃。

因此，不要超量灌装，钢瓶里总要留有一定的气相空间（15%），以便液态液化气受热膨胀时"留有余地"，当钢瓶处于气、液两相共存时，钢瓶内部的饱和蒸气压随着温度的升高而增加。在 0～600℃范围内，平均升温 10℃，饱和蒸气压增加 49～59 pa。在火场，无论是钢瓶还是球罐，卧罐，在强烈的燃烧烘烤下，快速升温，很快就会引起爆炸。

2.2 燃烧火焰温度高，热值大，易反作用于储罐本身

液化石油气燃烧温度高达 1 000～1 800℃，其热值也非常大，1 M^3 液化石油气完全燃烧最大可发出 $9.24×10^4 KJ/M^3$ 的热量（城市煤气一般热值在 $1.51×10^4 KJ/M^3$）。

因此,无论是储罐裂口燃烧,还是阀门、放散管等泄漏燃烧;无论是在储罐上部、下部或根部燃烧,猛烈的火焰所反映出的高温度、大热值的特性,首先就反作用于燃烧罐本身,并严重危及临近罐,成为火场二次灾难的强烈催化剂。

2.3 无论储罐内储液量多少,在火场都有爆炸的危险

一种是基本满罐,务必从液态液化气受热后急剧膨胀的危险性上多加考虑。有资料表明,液态液化气的主要危险是它具有极大的受热膨胀性,在 15℃时,液态液化气的体积膨胀系数为 0.003 06,为水的体积膨胀系数的 16 倍。随着火势的加剧,温度的急剧上升,完全有可能由于体积的膨胀而发生爆炸。

另一种是罐内储量不多,不存在液相膨胀产生巨大压力的问题。因为在液相膨胀还远没有达到液体全部充满贮罐的温度之前,就已经先达到了液化气的临界温度了。丙烷的临界温度是 96℃,这个温度在火场是很快就会达到的。钢瓶内的液态液化气将全部化作气体,这在物理上叫做相变。液体一下子变成气体,压力势必猛增,甚至可高达上千个大气压,造成储罐粉碎性爆炸。

2.4 泄漏、爆燃、连锁爆炸,这是液化石油气泄漏成灾的三步曲

液化石油气泄漏后扩散、气化,形成一定范围的爆炸性混合物,遇火源后形成可燃气体爆炸;泄漏形成爆炸后,火焰烧烤的辐射热再作用于燃烧罐和临近罐,造成更为猛烈的储罐爆炸。

3. 液化石油气泄漏事故实例分析

20 世纪 70 年代末到 80 年代末,国内和国外都处于液化石油气泄漏爆炸起火的高发期,在十年左右的时间里,因液化石油气泄漏尔后发生猛烈爆炸燃烧的重大灾害事故就没有停息过。从 1978 年太仓化肥厂开始,到 1988 年天津、蚌埠和上海的三次爆炸,可以说重大泄漏爆炸折腾了十年,屡炸不止;然而,从 1988 年以后,却又整整十年没有发生爆炸。

3.1 从实例统计看液化石油气火灾危害

3.1.1 国内外液化石油气泄漏情况统计。笔者统计了 20 世纪 70 年代末至 80 年代末国外和国内各 8 起重大的液化气泄漏事故情况。

(1) 国外液化石油气泄漏情况(见表一);

(2) 国内液化石油气泄漏情况(1978～1989)(见表二)。

3.1.2 泄漏后易发生爆燃或爆炸。表中所列国外 8 起案例和国内 8 起案例无一例外,泄漏后都发生了爆燃或爆炸燃烧事故。其中墨西哥城郊液化气罐瓶厂输气管道开裂后 1 分钟发生爆炸,吉林市煤气公司液化气厂气体扩散后 1 分钟遇明火爆燃,太仓化肥厂气体喷出后 4 分钟遇明火爆炸,大连石化七厂泄漏后 17 分钟爆燃,上海高桥石化公司炼油厂泄漏后 27 分钟爆炸,时间最长的是泄漏后 40 分钟发生了爆炸。

3.1.3 液化石油气泄漏爆炸伤亡重大。上述 16 起案例中,因爆炸共死亡 619 人,伤 7 200 人。这是液化石油气典型的

表一 国外液化石油气泄漏情况

地 点	时 间	原 因	火灾和爆炸概况	伤 亡	救援疏散情况	投入灭火力量
美国田纳西城费莱镇	1977年2月24日14时59分	槽车出轨泄漏爆炸	槽车爆炸，使重18吨的一截槽车飞到180米处	25人死亡	疏散周围1.6公里内的居民	若干辆水罐车
日本静冈县桂川市	1983年11月22日12时48分	气阀未关大量泄漏	气体泄漏，报警器鸣响，随即爆炸，屋顶揪掉塌落	死14人，伤27人		20辆消防车 178名消防人员
苏联彼尔姆城液化气储配站	1984年的一个星期日下午	列车移位液化气管破裂泄漏	槽车与平台摩擦产生火星，引燃15节槽车		冷却槽车，关闭阀门，扑灭火焰	10辆消防车
墨西哥城郊液化瓶厂	1984年11月19日	输气管破裂	1分钟后发生爆炸，并先后发生15次爆炸	死500人，伤7000余人		
美国卡罗拉多城工70号公路	1984年夏季某天的一个下午	槽车撞人行道，丁烷泄漏	槽车翻倒，气体泄漏，火球吞没挂车	1人轻伤		
美国卡罗拉多城	1986年10月1日18时30分	丙烷充装软管破裂	气体爆炸，许多45公斤的钢瓶猛烈爆炸	1人受伤	警察组织该厂四周1000米内的居民疏散	8辆消防车

（续表）

地点	时间	原因	火灾和爆炸概况	伤亡	救援疏散情况	投入灭火力量
美国加利福尼亚城木材处理厂	1987年4月6日5时58分	开错阀门，气体泄漏	造成巨大的爆炸和火灾，火焰高达45米		切断火场四周1.6公里内所有的道路通行	15辆消防车1架直升机
日本旭川市丙烷厂	1988年8月19日20时14分	储罐泄漏起火	现场瞬间一片火海，钢瓶频频破裂爆炸（162只）	重伤4人、轻伤1人	起火点200米设警戒线，车辆强行	33辆消防车303名消防队员

表二　国内液化石油气泄漏情况

地点	时间	原因	火灾和爆炸概况	伤亡	投入灭火力量	灭火战术技术措施
太仓化肥厂液化气罐	1978年3月4日20时45分	槽车拉断液相管，气体大量泄漏	气体喷出后4分钟，遇明火爆炸，40分钟后储罐爆炸	死6人，伤55人	当地消防力量	保持稳定型火炬燃烧、冷却储罐、待残气不多时灭火
吉林市煤气公司液化气厂	1979年12月18日14时	罐体焊接质量问题，气体大量泄漏	气体扩散后1分钟遇明火爆燃，4小时后邻罐爆燃，并引起链锁反应，数罐爆炸	死34人，伤58人	9个消防队49辆消防车290名消防人员	冷却储罐、抢救人命、发现爆炸险情及时下令撤退、避免重大伤亡
北京煤气公司南郊罐瓶厂	1983年11月28日18时18分	气体扩散，遇静电引燃	700余只15公斤钢瓶、爆炸170余只，烧掉液化气5.6吨		13个消防队37辆消防车270名消防队员	冷却燃烧钢瓶、堵截火势向未燃钢瓶区蔓延、最后围攻火势

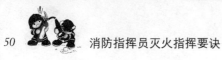

（续表）

地点	时间	原因	火灾和爆炸概况	伤亡	投入灭火力量	灭火战术技术措施
大连石化七厂	1984年1月1日5时32分	分馏装置泄漏，遇火源爆燃	泄漏后7分钟发生可燃气体爆燃，后来未发生爆炸		26个消防队62辆消防车504名消防员	堵截火势，保护附近装置设备
天津煤气公司北仓储罐站	1988年4月15日10时06分	气体泄漏喷出，遇静电爆炸	储有3000只钢瓶的车间一片火海，小钢瓶连续爆炸，另一只100立方米卧罐爆炸	伤7人	22个消防队47辆消防车400余名消防员	冷却降温，稳定燃烧，引流放空，加速燃烧，保护重要部位
蚌埠液化气公司储配站	1988年6月6日22时25分	违章动火，扑焊贮罐爆炸	2个100立方米贮罐先后爆炸	死2人伤2人	7个消防队27辆消防车212余名消防员	冷却邻近罐和小钢瓶，用干粉扑灭燃烧火焰，持续冷却，稀释剩余气体
上海高桥石化公司炼油厂	1988年12月22日1时07分	违反操作规程，液化气溢出遇火源爆炸	泄漏后27分钟爆炸，火势波及60000平方米	死26人伤15人	11个消防队31辆消防车	四面包围，穿插分割，巩固阵地，逐步消灭火势
西安市液化气公司储罐站	1998年3月5日	排污管上部法兰密封垫损坏	2个400立方米和3个100立方米卧罐，10辆液化气槽车爆炸或烧损	死12人伤30人	西安消防部队	

危害特征,前事之师,不可忘却,这对消防部队处置类似事故,永远是常鸣的警钟,当然也是难以抹却的阴影,是指挥员必须十分重视的问题。

3.1.4　液化石油气火灾相对集中,占有很大比例。据统计,仅 1973 年日本全国就发生液化石油气火灾爆炸事故 932起,其中居民家 584 起。1965 年,我国一些大中城市开始推广液化石油气,火灾爆炸事故也不断发生,据南京市资料统计,仅 80 年代居民使用的液化气钢瓶火灾的起数,就占全市火灾总数的 10%～14%。

3.2　造成十年连续泄漏爆炸的主要原因

3.2.1　使用者对液化石油气的特性不了解。当时液化石油气刚刚推广使用,人们在生产和生活中对液化石油气的理化特性不甚了解,对其引起爆炸燃烧事故的危险特性更是认识不足,对此类事故的防范意识和措施还不到位,对可能造成的严重危害还不了解。以至出现象 1978 年太仓化肥厂槽车卸气开车拉断液相管,1988 年蚌埠液化气储配站违章动火给气罐补焊引爆等事故。从现在的角度看,是不可思议的。

3.2.2　应急机制不健全。地方政府、公安和消防部门就此类事故的应对能力、处置能力、灭火作战能力还相对薄弱。城市事故应急机制没有建立,联动处置预案没有制定,指挥处置程序不规范,技术战术措施不成熟,有效处置特种灾害事故的消防特勤队伍没有建立,侦检、堵漏、洗消、防化等特种装备及个人防护装备还没有很好地配备应用,就是说消防部队对此类事故还没有很强的处置能力。

3.2.3　泄漏后控制不及时。正是由于人们对液化石油气的特性不很了解,尤其是液化气瞬间气化成几百倍并迅速扩散的危害不清楚,因此不懂得泄漏以后的应对措施,泄漏后显得一筹莫展,眼睁睁地看着气体到处飘移,甚至有爆炸危险也不及时撤离而增加了人员伤亡。液化气的泄漏部位分液相管和气相管,一般气相管的泄漏量要少得多,危害也小,但尽管如此,从上述案例中看,其控制与处置措施仍然是非常不理想。

3.3　后十年没有爆炸的主要因素

3.3.1　吸取教训,引以为鉴。从科学的角度讲,是经历了前十年的泄漏爆炸灾难后,增强了安全意识,强化了防范措施。从中央到地方各级领导充分重视,采取了一系列整治活动,单位领导和职工克服安全生产上的薄弱环节,加强工作生产上的规范化、科学化所取得的成果,没有人再敢在液化石油气罐上动焊,输气槽车司机离车时,车钥匙必须挂在液相管接口上,取钥匙开车就能知道管道是否卸下。

3.3.2　消防部门加大了监督管理的力度。首先是加大消防宣传的力度,让使用液化石油气的群众市民更多地了解液化气的特性,以及安全使用的注意事项;二是督促单位认真执行安全生产的规章制度,遵守安全生产操作规程,减少人为的违规违章因素;三是组织液化石油气生产、储存、运输使用单位进行液化气泄漏事故处置演练,提高应对泄漏和初起火灾事故的能力。

3.4 液化石油气火灾难题依然存在

3.4.1   液化石油气十年后又发生猛烈爆炸。1978～1988年液化石油气泄漏爆炸了十年,而1988～1998年液化石油气爆炸又停了十年。然而,1998年3月5日,西安液化气公司储罐站一声巨响,重大液化石油气泄漏爆炸再起。我国第一起重大的液化石油气爆炸是在1978年太仓化肥厂,爆炸时间是3月4日,两起大爆炸相隔20年,月日仅差一天。

3.4.2   重大难题至今没有攻克。西安"3·5"爆炸告诉我们,液化石油气泄漏仍然是灾害发生的重大隐患,液化石油气泄漏仍然是爆炸发生防不胜防的前奏,液化石油气爆炸燃烧仍然是消防部队灭火作战的重大难题。1985年全世界提出四句话十六个字为消防新课题,液化石油气作为石油化工火灾的典型代表,难题至今没有攻克。

3.5 液化石油气泄漏爆炸再起的主要原因

3.5.1   消防部队集中研究高层、地下、油罐火灾扑救。八十年代末九十年代初,正是我国经济快速发展时期,那时国内高层建筑象雨后春笋般崛起,1991年公安部消防局第一次在深圳举行高层建筑灭火战术研讨会,第一次组织了有直升机配合的超高层灭火演习。1992年,公安部消防局又在长沙举行了地下建筑灭火战术研讨会。1993年,南京炼油厂万吨油罐大火在全国引起震动,消防部门又关注着油罐火灾扑救。

3.5.2   人员聚集场所火灾形势严峻。从1993年1月14

日河北唐山林西百货大楼火灾死亡 71 人开始,群死群伤的商场、娱乐场所大火接二连三地发生,在两年内凶猛异常、势不可挡,直至到 1994 年辽宁阜新娱乐城死亡 234 人,新疆一礼堂死亡 325 人,全国消防部门实施重点整治,大火才予截止告一段落。

3.5.3　十年平安可能引起的松懈。液化石油气泄漏爆炸事故十年没有发生,消防部门开始把注意力倾向于高层、地下、油罐、商场和娱乐场所火灾扑救的研究,整个社会有一种潜意识的松懈,似乎液化石油气火灾的时代已经过去了。

3.6　液化石油气泄漏处置的重大转机

3.6.1　世纪之交液化石油气有泄漏无爆炸。笔者统计了 1997～2004 年之间的液化石油气泄漏事故,发现气体泄漏后都得到了及时有效的处置,没有一起发生爆炸,也没有出现重大伤亡。国内世纪之交液化石油气泄漏情况见表三。

3.6.2　只有气体泄漏没有发生爆炸的原因。首先是整个社会处置类似事故的意识反应敏感、强化。遇有泄漏,群众迅速逃离危险区的反应快、禁火意识强;保安等有关责任人员疏散人员,按预警机制操作行动快;警察能快速反应控制交通、管制道路;消防部队闻警后加强第一出动,到场后按程序实施检测、警戒等行动,出喷雾水枪控制灾情发展;地方党政和公安机关领导及时赶赴现场成立救灾指挥部,会同消防指挥员研究制定有效的的堵漏处置措施。其次是由于消防部队强化特勤队伍建设和装备配备,加强队伍的专业训练,消防部队处置灾害事故的作战能力大大提高。

表三　国内液化石油气泄漏情况

地　点	时　间	原　因	伤　亡	出动警力	灭火战术技术措施
河北定县城北液化气站	1997年5月19日0时30分	槽车卸气,安全阀法兰泄漏		17辆消防车	采用"石棉线绳缠绕法"、"橡胶皮捆绑法"控制泄漏量;车开至空旷地,放空排泄;水枪控制,掩护,稀释
大庆市中山路	1997年5月23日16时许	槽车罐底法兰盘垫子破裂		14辆消防车 80名指战员	疏散居民区群众,导流没成功,决定先放空,后注水、水雾驱散,经12小时排险结束
山东即墨市大众液化气站	2000年6月18日8时许	槽车充装液化气时液相管撕裂	7名战士中毒	3辆消防车 20名官兵	出数支喷雾水枪稀释驱散气体;司机与职工用棉被堵,因压力大而无效;消防官兵一次次奋力将缠满毛巾的木楔用砖头牢牢地砸堵在泄漏处;堵漏后槽车拖走排液
厦门市石油山储罐区码头	2001年8月26日11时30分	一条长500米、口径100毫米的管道因腐蚀裂缝		9辆消防车	警戒、禁火;停止液化气船输气,关闭管道两端阀门;出喷雾水枪稀释;被捆绑管道,再用堵漏器具将棉被捆绑管道捆绑起来

（续表）

地点	时间	原因	伤亡	出动警力	灭火战术技术措施
东营市丁庄液化气站	2002年3月17日8时17分	法兰镙丝意外脱落		3个消防队	禁火断电、交通管制,关闭高速收费站;疏散居民群众,喷雾水枪掩护、紧固螺栓
宁波西苑立交桥	2002年6月9日16时许	槽车轮胎跑气,阀门冲开		13辆消防车100余名官兵	禁火,关闭电源;疏散群众;封锁道路;喷雾水稀释;专用堵漏工具堵死阀门
葫芦岛市天然气分离厂	2004年3月29日	误卸温度表、储罐泄漏		14辆消防车	警戒、禁火;出喷雾水稀释;堵漏在高压气体被水流驱散的瞬间,插入木楔,用铜锤敲紧
吉林市公铁立交桥	2004年6月26日5时50分	槽车罐顶安全阀与桥梁相撞		43辆消防车255名指战员	禁火、断绝公、铁路交通;警戒、疏散半径2公里内30 000余人;制作专用器材,"封盖法"堵漏
广州天平架液化气加气站	2004年8月22日5时30分	储罐阀门质量问题泄漏	伤3人	7个消防队18辆消防车	警戒、禁火;疏散群众10 000余人;喷雾驱散;水枪掩护深入内部关闭阀门

3.7　液化石油气槽车是事故重点

3.7.1　重点要防范液化石油气槽车事故。在上述表四所列的 9 起液化石油气泄漏案例中,有 5 起是槽车在装卸运输途中出的事故,占 56％。说明液化石油气槽车泄漏的防范处置是消防部队处置液化石油气泄漏事故的重点之一。

3.7.2　槽车事故具有流动性特点。近几年消防部队成功处置的几起液化气泄漏事故处置中,基本都是液化气槽车运输过程中发生的,如 2004 年 6 月 26 日吉林市丙烯槽车和 2005 年 7 月 18 日江苏徐州市液化气槽车泄漏事故,而且两例都是顶部与铁路桥顶部相撞(擦)而引起。

3.7.3　消防部队要作好处置槽车事故的充分准备。随着经济建设的发展,社会能源需求的增加,今后槽车运输的频率加大,液化石油气槽车通过城市、交通要道、涵洞隧道以及在城市装卸的机率也必然增多,消防部队必须有作好处置的充分准备。

4.　液化石油气火灾扑救的防御战术要点

液化石油气火灾的最大危害就是发生爆炸。无论是液化石油气泄漏扩散,还是起火燃烧,火场指挥的第一要素,就是防止爆炸。因为爆炸是现场最大的威胁,最可怕的险情,最严重的灾害,最惨重的后果。防止爆炸是扑救液化石油气火灾现场指挥的重中之重。

4.1 控制火源,预防可能的泄漏气体爆燃

4.1.1 了解液化石油气泄漏后的引爆时间。液化石油气泄漏后极易发生爆燃或爆炸。笔者在前面已经列举了国内外 16 起液化石油气火灾案例泄漏后发生爆炸燃烧事故的时间,可以看出,第一个时间集中期是在 1～4 分钟,第二个时间集中期是在 20 分钟左右,第三个时间集中期为 40 分钟左右,记住这三个时间段,对于消防指挥员处置液化气泄漏或燃烧爆炸事故有着重要的作用。

4.1.2 把引爆时间与指挥员到场时间相联系。这种从火灾实例中统计的液化石油气泄漏后引爆的时间,有着特殊的启示作用,很值得消防指挥员分析、研究和借鉴。也就是说消防指挥员要把到达现场的时间与泄漏气体引起爆炸的可能性联系起来考虑。辖区消防中队等初战指挥员到达现场,正是极易引爆的第一时间段;中层指挥员如果在 20 分钟左右到达火场,仍然是泄漏气体引起爆炸可能的第二时间段;如果支(总)队等指挥员在 40 分钟以后到达火场,既证明泄漏区域内还没有遇到火源,也必须注意此时正处于容易引爆的第三个时间段。

4.1.3 控制火源预防引起爆炸。不管是什么级别的消防指挥员,到达现场后一定要按"先外后内"的程序进行。也就是先外围清理(火源),再内线处置(堵漏等);第一个处置措施并非是深入泄漏中心地带、或到场后立即组织堵漏,而是首先扩大禁火区的范围,检查并熄灭可能引爆泄漏气体的外围火源;同时控制泄漏程度(如出喷雾水枪堵控驱散泄漏气体)。

控制火源是预防泄漏气体引爆的极其重要的关键环节,只有控制了火源,才能避免发生爆炸。

4.2 封堵并消除泄漏源危害

在液化石油气火灾扑救中,能否实施对泄露气体的有效堵漏,已成为十分关键的预防措施。因为在气体泄露的现场,只要有条件,采取关阀措施乃是上策;而实施堵漏确实是无法关闭阀门,或阀门虽能关闭、但管道或设备中仍存留着相当数量的泄漏物,不堵漏仍然有重大险情,所以现场堵漏实属无奈之举。火场指挥员要充分关注现场堵漏行动,根据现场的具体情况,采取针对性的堵漏措施。

4.2.1 一般管道或罐体孔洞堵漏。管道泄漏,可使用专用的内封式、外封式、捆绑式充气堵漏工具堵漏;法兰泄漏,可利用法兰专用夹卡夹具,并注射高压密封胶堵漏;罐体裂缝可利用专用的捆绑紧固和空心橡胶塞加压充气器具堵漏。

4.2.2 传统经验型堵漏方法。全国消防部队在处置气体的泄漏实践中运用了各种传统方法,积累了不少经验。有的直接用木楔插入用铜锤或砖头敲打堵漏,有的用毛巾缠在木楔上堵;有众多人员抱着湿棉被在水枪掩护下一拥而上堵住阀门;河北定县在处置液化气槽车泄漏时,还采用了"石棉线绳缠绕法"、"橡胶皮捆绑法"等堵漏方法,都收到了良好的效果。可以说,对有些泄漏事故,特别是泄漏量不很大的,泄漏源压力较小的,这些传统的方法可照常使用。

4.2.3 堵漏中冰块处置问题。经常会遇到液化石油气泄漏处因泄压扩散大量吸热而把冷却控制水结成冰块,影响器具堵漏的操作。对于这个问题，指挥员可视情决策。如果处置方案周密，堵漏器具有效，准备工作就绪，就应该果断地冲水化掉冰块，实施堵漏；如果堵漏不具备条件，没有充分的把握，凝结的冰块又缩小了泄漏孔缝，起着减少泄漏量的作用，那么可以维持冰块，甚至加大冰块，或加上毛巾、棉纱之类再行冰冻，以减缓泄漏危害。

4.2.4　预先做好液化石油气槽车泄漏的堵漏准备。据统计，槽车在装卸运输途出事泄漏的占56%，近几年消防部队成功处置的几起液化气泄漏事故处置中，基本都是液化气槽车运输过程中发生的。消防部队可以了解液化石油气槽车泄漏的大致部位，如顶部放空安全阀、装卸阀门法兰处和连接管道。一般石化系统运送液化石油气的槽车吨级、车型规格，也应大致有个底数，在稍作调查研究的基础上，可以制作"封盖法"专用堵漏工具，分别制作几个槽车等级的、几个容易泄漏部位的堵漏工具，平时放置在抢险救援车上，一旦需要就及时用上，而不要临时加工制作。如果每个消防特勤大队都备有一套，那就堪称是有备无患。

4.3　使用雾状水稀释驱散泄漏气体

消防车到达泄漏现场后，要在划定警戒线、了解泄漏情况的同时，在外围部署强有力的喷雾水枪，从某一部位"撕口子"驱散气雾，逐步推进，掩护内攻人员接近泄漏源采取措施；同时根据气体泄露情况，稀释驱散泄漏气体，降低引起爆炸的可能性，增加泄漏现场的安全系数。

4.3.1　稀释驱散是消防队伍常用的有效措施。稀释驱散之目的是降低泄漏现场的有害物质浓度,改善泄漏区域环境,防止可能发生的险情,减轻灾害程度。在烟雾浓烈的建筑火灾现场,或危险化学品泄漏的灾害现场,无论是有毒气体、可燃气体或液体蒸气的扩散,稀释驱散是消防人员常用的处置手段,其作用和效果非常明显。

4.3.2　稀释降低浓度。在液化石油气泄漏的灾害现场,设喷雾水枪向扩散的气体喷射雾状水覆盖冲击,能起到稀释降低浓度的作用。降低浓度是控制泄漏区域危害的有效措施,有害气体被稀释会降低毒性,减轻对人员的危害;可燃气体被稀释后,能改变其爆炸浓度极限范围,使达到爆炸浓度极限的泄漏物品迅速降低浓度而避免爆炸,没有达到爆炸浓度极限的泄漏物难以上升至爆炸极限,从而防止可能的爆炸事故。

4.3.3　驱散减轻危害。驱散的作用是减轻危害。当液化石油气泄漏形成威胁,有可能造成危害时,可以使用雾状水将其驱散。驱有赶的意思,散就是分开散落,这就是驱散的实施目的。如遇有液化石油气扩散,如果浓度继续积聚遇火源会发生爆炸。此时用雾状水流驱散,使其在水力作用下吹起、扬起、飞散、分散,有的被吹入空气中随风飘离,有的被吹散分布于周围的大气之中,还有一部分被水溶解了;原本聚集在一起成团成云似的状况被化解了,可能形成灾害的程度降低了,危害的可能性也会被解除

4.3.4　阻击泄漏气体,改变扩散方向。一般情况下,可用喷雾水枪从上风方向往下风方向驱散,使喷雾水作用力和风力同时发挥作用,加强驱散的效果。

如果可燃气体有可能向没有清理的火源区域、或没有关闭电源的危险区域扩散时,现场指挥员可以在组织人员继续清除火源的同时,先设置若干支喷雾水枪,阻击可燃气体的扩散势头,改变泄漏气体的扩散方向,阻止并稀释可燃气体流入危险区域。

4.4　强化火灾现场的安全防护

无论是液化石油气泄漏,或是发生了燃烧爆炸,消防指挥员一定要把灾害现场的安全防护放在十分重要的位置,以避免消防队员在火场发生不必要的伤亡事故。

4.4.1　加强对中心区域行动小组的安全防护。凡是进入液化石油气泄漏区域的消防队员,必须穿着具有阻燃功能的"全密封消防防化服",并尽可能穿着防静电内衣;小组行动时,再配备喷雾水枪掩护。一旦出现液化气爆燃等险情时,能大大降低对作战人员的伤害程度。

4.4.2　尽量减少前方作战人员。对于那些稀释驱散泄漏气体、掩护配合堵漏行动、或对有爆炸危险的储罐进行冷却等需要长时间射水的地方,应尽量使用带架水枪、移动摇摆水炮,以及库区固定水炮等射水设备。这样既能起到预定的射水作用,又能减少前方作战人员,以便发生险情时减少人员伤亡。

4.4.3　注意应用撤退战术。扑救液化石油火灾,进攻和撤退都是依据火场态势作出的重要决策。撤退,是为了避免伤亡,保存实力,以利再战。液化石油气性质活泼,在泄漏和燃烧情况下引发爆炸的概率很大,因此运用撤退战术显得尤为重要。有效组织撤退的前提是准确判断险情,要安排火场安全观察哨所,注意观察危险征兆,包括燃烧罐、邻近罐在火灾和高温烘烤下的变化,遇有储罐发生颤抖现象,或燃烧发出刺耳的尖叫声、火焰颜色由红变白,则要及时发出警报,及时组织撤退。例如,1988 年 4 月 15 日,在天津市北仓储罐站火灾扑救中,4 号罐在爆炸前火焰由红变白,大罐颤抖,发出刺耳的尖叫声,当时的现场指挥(后任天津消防总队副总队长)王亚森果断下令撤退,部队刚撤出 130 米到达安全地带,4 号罐就发生了爆炸。

5. 液化石油气火灾扑救的进攻战术要点

液化石油气火灾扑救的进攻战术,主要是能够在发生泄漏时控制扩散,关阀断料(前提是控制火源);在发生爆燃或储罐爆炸以后,能够抓住时机,及时实施有效的冷却控制,防止更大的危害发生,并视情扑灭火势;还有就是正确采取"引火点燃"的措施,避免发生不必要的险情。

5.1 严格执行既定的操作程序

液化石油气无论是泄漏或是发生火灾,都有其基本的发展变化规律,消防部队在处置中当然也要有针对性地按基本程序操作,这些基本程序已经被消防部队在实战中大量应用并经实践证明取得了良好效果。这些基本程序非常重要,不能缺少,不能有差错,否则加重灾害。

5.1.1 科学划定警戒区。液化石油气泄漏或火灾现场警戒范围的确定,应坚持"科学合理、留有余地"的原则。警戒的目标是便于展开灭火救援行动,确保周边区域人员安全。如果是液化石油气泄漏,要参照化学灾害事故处置决策辅助系统,准确划定液化气泄漏的重、中、轻区域,实施不同的警戒等级。要合理确定警戒区域,警戒范围太小,影响灭火救援行动,一旦灾情突变,会造成重大的人员伤亡;警戒范围太大,就会造成警戒资源的浪费,由于超量的人员疏散、企业停工停产等而出现严重的负效应。警戒范围的确定,当然也要注意参考检测仪器检测结果、气象条件、液化气泄漏程度、火灾可能造成的爆炸危害,以及消防指挥员的实践经验。从安全的角度考虑,警戒范围可适当留有余地,但不要在警戒范围上成倍地扩大,不要在灾情基本控制的情况下再大范围管制交通、大面积停电、或再大流量地组织居民疏散转移,更不要危言耸听地夸大可能出现的危害。

5.1.2 全程进行安全观察检测。液化石油气发生泄漏或火灾,现场混乱、灾情复杂、环境险恶,随时都有可能发生突变。因此要加强现场的火情观察和泄漏气体的仪器检测,以此作为战斗行动的安全保障。观察检测的重要作用不仅体现在灭火救援行动的开始,而要贯穿并作用于灭火救援的全过程。遇有液化石油气泄漏,要根据当时的气象条件,以下风方向为主,侧风方向次之,上风方向兼顾,采取单组多点检测,多组多点、交叉检测,多组定点、复合检测等方法,把检测的结果随时报告火场指挥部。若液化石油气在储罐、装置上稳定燃烧的状态下,要在火场设安全观察哨所,加强对燃烧罐、邻近罐的火势情况、热辐射情况、火焰烘烤情况,以及火焰颜色、燃烧声响等要素的动态观察,为火场指挥部提供决策依据。

5.1.3 控制危害程度。消防部队到场后,要尽力把发生的危害控制在原有的程度,防止继续恶化。发生液化气泄漏,消防队到达事故现场后,要使泄漏量减弱,泄漏范围缓慢扩展,最后停止泄漏,并缩小扩散区直至完成现场洗消等善后工作。遇有火炬型的喷射燃烧,要及时组织强水流冷却,以避免发生爆炸事故。要采取有效措施疏散抢救现场的受害人员,受伤的及时抢救,受威胁的及时疏散转移。要在现场设置二道防线,调集部署第二梯队应急力量,一旦火情扩大、灾情发展,能及时布控,防止灾情恶化。

5.1.4 选准停车位置和前沿阵地。遇有液化气泄漏时,消防车要从现场上风方向的大门、通道进入,在上风方向距泄漏区域的适当位置停靠;在扩散区上风或侧风方向选择便于行动的路线铺设水带,设立枪炮作战阵地;在扩散区域上风方向适当部位,设立火场指挥部和前沿指挥阵地。如果已经起火燃烧,则选择风向设置阵地已经失去意义,消防官兵可选择便于接近起火点,便于展开行动,便于转移和撤退的部位设立枪炮阵地,并设立相应的前沿指挥部。

5.2 确保火场的强水流攻势

液化石油气火灾不同于一般建筑和可燃液体火灾,具有火势燃烧猛、火焰热值高、火场辐射热强的特点,必须以强水流冷却和堵控火势。

5.2.1 保证可靠的火场供水。扑救液化石油气火灾,除了火势不大可以速战速决、或最后灭火可能会用干粉灭火剂以外,火场冷却控制、抑制火势、掩护堵漏和驱散泄漏等都要用水,且喷射时间长,用水量大。因此,能否保证可靠的火场供水,是能否有效地扑救液化石油气火灾的前提条件。火场供水量不足或供水不能持续,前方就达不到规定的冷却用水量,水枪手难以到达有利的前沿进攻阵地,甚至难以在冷却阵地站住脚跟,当然也就无法抑制可能发生的储罐或装置的爆炸。消防指挥员必须明确这样一个理念,扑救液化石油气火灾,在前方布置冷却的同时,必须部署后方全方位的火场供水,前后方同时并举,作战在前方,重点在后方,如果冷却供水不充分、不到位,等于无冷却作战,等于打败仗,那只能是撤出阵地,目睹险情的发生。

5.2.2 实施强水流冷却控制。冷却猛烈燃烧的液化石油气储罐火势,手提式水枪往往因为射流不够强、或冷却水流被气化等原因而难以发挥应有的作用。因此要使用带架水枪、摇摆水炮、消防车车载炮和举高喷射炮等强势水流冷却储罐装置,确保水量充足、水流到位、冷却有效。有试验表明,冷却液化气储罐的喷水强度应达到 $8\sim10\,L\cdot m^2 min$,英国消防规范规定,储罐冷却的喷水强度不应小于 $9.6\,L\cdot m^2 min\,L\cdot m^2 min$,在实际灭火中,冷却用水量还会更大些,如 1988 年 4 月 15 日,天津消防总队在扑救北仓液化气储罐站火灾时,共组织了 41 支冷却水枪,冷却用水量达到了 $10.4\,L\cdot m^2 min$。

5.2.3 交叉组合应用多种射流。液化石油气火灾的扑救,往往是多种冷却灭火射流的交叉组合、灵活应用。对于燃烧罐,必然是车载炮、移动炮和举高喷射炮的强势攻击,这本身就为消防队员与燃烧罐之间留出了几十米的安全空间;对于邻近罐或离开一些距离的储罐装置,可用带架水枪、摇摆水炮、及大口径水枪冷却;对于深入事故地带展开行动的攻坚小组,如救人、关阀、堵漏小组,必须有一定数量的喷雾水枪掩护或开道;对于一定数量的液化气扩散或滞留区域,需安排喷雾水枪驱散稀释,对前方作战人员的防高温烘烤,也须设喷雾水枪保护。消防指挥员要精心组织、科学布兵,轻重武器组合、长短水流交叉,协调现场的灭火力量有效展开。

5.3　善于把握火场进攻时机

　　液化石油气储罐或装置起火燃烧以后,由于燃烧形态、邻近储罐烘烤程度、前期冷却控制情况和消防队到场时间的不同,火灾危险性有不同的症状和表现,危机潜伏、险情客观存在,消防队伍的冷却灭火进攻尤其要注意时机。

　　5.3.1　客观研判火情。各级消防指挥员到达液化石油气火灾现场,都必须客观认真地研判当时的火情,尤其是最先到场的初战指挥员,要仔细了解、询问、察看现场是否处于爆燃后的稳定燃烧,注意火焰喷射燃烧程度,火势影响波及范围,周边邻近储罐、装置受烘烤状况;特别要弄清消防队到场以前,火势已烧了多少时间,邻近的储罐、装置是否到了有可能发生突变的状态,目的是判断下一步可能出现的危险性,并以此为依据部署灭火作战行动。

　　5.3.2　掌握二次爆炸规律。液化石油气泄漏并发生爆燃后,泄漏处喷射的火焰烧烤或强烈的辐射热再作用于燃烧罐和邻近罐,容易造成更为猛烈的储罐爆炸,一般称之为二次爆炸。从国内外火灾的实际案例来看,液化石油气火场的二次爆炸时间,基本上在 10～15 分钟之间,如蚌埠市液化气储配站 11 号罐泄漏引爆后,12 号罐受到连锁反应,爆炸的时间仅相隔 10 分钟。掌握这一基本规律,对于液化石油气火灾扑救的战术应用具有重要的参考价值。

5.3.3 抓住进攻的有利战机。如果消防队到场时刚好发生扩散气体爆燃,证明已从随时可能引起爆燃而转变为稳定燃烧期,这是个相对短暂的安全稳定期,消防部队要抓住这一有利时机,果断命令到场的灭火力量出击,快速向起火点推进,用强势大流量(最好用车炮、移动炮、自动摇摆炮)冷却燃烧罐和邻近罐,以抑制火势、控制局面,使火场不再发生二次爆炸。如果消防指挥员优柔寡断,不敢大胆决策,部队战斗行动迟缓,或增加不必要的、过长时间的"火情侦察",那么等到部队靠近储罐发起进攻时,往往正是在 10～15 分钟之间,也就是二次爆炸发生之时。

5.4 引火点燃的实施与风险

在液化石油气泄漏的现场,如果出现"两个无法控制",即泄漏源无法控制,火源无法控制的情况下,能否采取对泄漏源引火点燃的措施,灭火理论界长期存有不同的观点。应该说,引火点燃措施的实施,风险巨大,需要严谨的科学论证,并要在一定的前提条件下才能进行。

5.4.1 引火点燃风险巨大。液化石油气泄漏无法得到控制,现场会不断扩散爆炸性混合气,此时引火点燃,一般说来不会是仅仅点燃泄漏源处而形成稳定性燃烧,恐怕会引起泄漏区域内可燃混合气体爆炸,损坏储罐、摧垮装置,造成十分严重的恶果,甚至重大的人员伤亡。当然,在火源也无法控制的情况下,即使不引火点燃,也可能在一定的时间段引爆可燃混合气,但这毕竟不是消防部队采取行动所带来的结果。消防队伍采取的战术措施,目的当然是抑爆而不是引爆,只有在引火点燃仅限制在泄漏源处的情况下,才能谨慎地操作实施。一切没有绝对的把握,或现场已经弥漫了一定数量的液化气时,引火点燃是万万使不得的,否则,会承担巨大的风险。

5.4.2　引火点燃的借鉴模式。引火点燃是有条件的,在安全可靠的情形下可以实施。在实际战例中,有过几起成功的引火点燃模式。一是吉林模式,1979年的吉林球罐裂口燃烧,经长时间冷却控制,周边气体浓度很低,球罐内气体逐渐烧剩无几,有两次喷射的冷却水把裂口的火焰冲灭,指挥员考虑不能让剩余的气体跑出来积聚,就决定再次点燃,让其完全烧光,先后点燃两次。二是重庆开县井喷处置模式,井喷后大量剧毒气体硫化氢随天然气喷出井口,扩散后给人民群众生命带来极大的威胁,井喷17小时后,现场点燃了井架旁120米处放喷管,口径75毫米,压力18兆帕,日放气量400立方米以上,大大缓解了有毒气体的扩散危害。三是大庆模式,大庆在一次液化石油气火灾中,冷却控制以后,为加快燃烧速度,打开排污阀,用管道将液化石油气排到附近,架空点燃排放,加快了处置过程。

5.4.3　引火点燃的成功范例。在实战应用中,有一个成功点燃引爆的范例。那是美国卡罗拉多州大章克申西面约64千米处,一辆30吨的液化石油气槽车翻车,槽前端焊缝破裂,液化气泄漏被汽车发动机引燃。这里是一个极为偏僻的地方,最近的建筑物在 32 千米之处,消防队分别离开 48 千米和 112 千米以外,附近没有水源,每小时堵车 500 至 700 辆,迂回绕道要走 400 千米,储罐烧完要 3 至 15 天。根据这种情况,指挥部决定使用炸药。两名通晓炸药的消防队员,把 8 根雷管插入一只装有 20 公斤炸药的桶里,两人先向储槽铺设了一条长 1 650 米的金属线,然后拿着炸药从背面接近槽车储槽,把炸药放在储槽下方、后悬装置的前部。然后,消防队员在 1.6 千米之外引爆。

爆炸后,一股蘑菇状的烟雾腾空而起,火球引燃了半径为 300 米的草地,10 分钟后,消防队控制了草地火灾,往东方的道路开通了;又过了 10 分钟,路上残片收拾干净,往西边的道路也开放了。对于这一案例,我作了评论,题目是"抑制和催化之间的选择"。

6. 消防部队要关注液化天然气

消防部队在研究液化石油气(LPG)泄漏与火灾处置的同时,必须充分关注液化天然气(LNG)的泄漏与火灾处置。在我国开始投入使用液化石油气以前,世界发达国家就早已使用液化天然气。从 1959 年美国向英国运送 LNG 开始,英国也步入了液化天然气的消费国家;20 世纪 90 年代初,中海油从战略上考虑,首家引进了国外的液化天然气;尽管中国的天然气资源有限,供需缺口很大,但发展非常迅速,2007 年中国进口 291 万吨 LNG,是 2006 年进口量的 3 倍多;2008 年 1～11 月中国液化天然气进口总量为 314 万吨,比 2007 年同期增长 18、14％；预计到 2020 年，中国要进口 LNG350 亿立方米，相当于每年 2 500 万吨；另外，按照中国的 LNG 使用计划，国内 2010 年 LNG 的生产能力要达到 900 亿立方米，到 2020 年约为 2 400 亿立方米；液化天然气作为一种清洁、高效、方便、安全的能源，以其热值高、污染少、储运方便等特点成为现代社会人民首选的优质能源；可以预见，在未来 10～20 年的时间里，LNG 将成为中国天然气市场的主力军；目前，我国已建、在建和规划中的 LNG 大型项目达 20 余个。近几年来，液化天然气在车辆运输、加气站网点的事故时有发生，仅河南省每年因运输液化天然气槽罐车泄漏、交通肇事引发的火灾爆炸事故就高达上百次。

6.1　了解液化天然气的特性与危害

液化天然气与液化石油气在理化特性和火灾危险性方面存有很多共同的地方，也有一些值得人们关注的不同之处。

6.1.1　众多的相似之处。液化天然气和液化石油气都是无色、无味的液化气体，以烷烃为主要组分；液态气体泄漏后体积都会迅速扩大数百倍，波及范围广；近似的爆炸浓度极限，液化石油气的爆炸浓度极限为 2％～10％，液化天然气的爆炸浓度极限为 2％～9％（还有一种说法体积在 5％～15％时会爆炸起火）。也就是说液化天然气和液化石油气有一个共同的特性，在低温下压缩成液体状态储存，一旦泄漏，液态迅速转变为气体，体积扩大几百倍，与空气混合后，遇火源很容易发生燃烧爆炸。

6.1.2　不同的物质组份。液化石油气的基本组份为多烃类,主要有丙烷、丁烷、丙烯、丁烯等;而液化天然气的主要成份是甲烷,液化天然气在液化过程中,已经将硫、二氧化碳、水分等物资除去,所以是一种热值很高的洁净能源,燃烧时不会因硫分解而造成空气污染。

6.1.3 不同的泄漏状态。液化石油气泄漏或释放时,在常温下液态的液化石油气极易挥发,体积能迅速扩大 250～350 倍;而液化天然气从液态变化到气态,体积要膨胀大约 600 倍。这就说明液化天然气泄漏后扩散速度会更迅猛、扩散范围会更广泛,也更有可能发生难以预测的严重后果。液化石油气由丙烷和丁烷组成,它比液化天然气的沸点高,因此液化石油气不像液化天然气那样迅速气化,在气体状态下,液化石油气总是比空气重容易沉积在地面,向地势较低的地方流动;而液化天然气一旦发生泄漏就会立即沸腾而气化,在气化过程开始时,液化天然气比空气重,但随着时间的推移,逐渐地吸收热量,它与周围环境温度渐渐接近,液化天然气就变得比空气轻了,因此蒸发的气体会遂气流和风力升向空间或漂移到其他地方。也就是说液化天然气在泄漏的情况下,不易在低洼处积聚,会随风在空间飘移,可能会较快地遇到火源,当然也可以用喷雾水驱散的办法较好地降低其在空气中的浓度。

6.2 液化天然气事故的预防与处置

6.2.1 强化安全管理措施。目前,我国在液化天然气生产、储存、运输、灌装、使用等各个环节存在着很多的不安全性。因此在液化天然气工程的实施过程中,必须加强安全管理,避免事故发生;狠抓教育培训,提高干部员工的安全防事故素质和处置初起事故的能力；一旦发生事故，能够沉着、冷静、果敢、准确、快速地予以处置。

6.2.2　强化源头性的治本措施。现在我国液化天燃气产业在规划上还缺乏法律支撑，审核验收缺乏依据。现有规范中，GB 50156—2002《汽车加油加气站设计与施工规范》未涉及液化天然气，GB 50183—2004《石油天然气工程设计防火规范》有关于液化天然气场站部分但不具体，GB 50160—2008《石油化工企业设计防火规范》明确不适用液化天然气。因此要参考借鉴国外比较成熟的标准，在总平面布局、防火间距、耐火等级、安全出口、工艺流程、安全装置、电气设计、灭火系统等方面严格把关。因为英国、德国等18个欧洲国家早已编制了液化天然气设备、安装、防火等方面的标准；美国是液化天然气产业起步最早的国家，已经形成了液化天然气从生产到使用各个环节的各种具体标准，联邦政府在液化天然气安全方面已经立法，我们在建设中要借鉴国外成熟的经验，严格参照行之有效的标准，抓住源头，从治本措施着手，切实打牢安全生产的基础。

6.2.3　强化应对事故的快速反应能力。一旦发生事故，按既定程序响应操作。第一时间实施500米范围内的区域管制，然后视情确定警戒范围；及时进行全方位检测，为救援指挥提供科学依据；有效禁绝火源，包括切断电源，控制气体扩散后可能引发的爆炸；快速施救，争取在最短的时间内控制灾情、消除隐患，有针对性地采取冷却、覆盖、隔离、堵漏、倒灌、转移、灭火等措施。

6.2.4　及时启动高倍泡沫系统和水喷雾系统。遇有液化天然气泄漏,可以使用 500∶1 的高倍泡沫系统有效地向上驱散泄漏的液化天然气,降低地面的可燃气体浓度,减少起火爆炸的危险性;在危险区域周围布置水喷雾系统,驱散稀释泄漏的液化天然气,将蒸气云的浓度降低到爆炸下限之下,另外,还可以预作用于灭火。

八、关于家庭用液化石油气钢瓶火灾扑救技术要点

1892 年,荷兰从天然气里分离出液化甲烷,为石油气液化奠定了基础;1903 年,德国生产出液化石油气,应用于生产和生活;1965 年,我国一些大中城市开始推广液化石油气。

随着液化气建设项目的蓬勃发展和社会的广泛应用,液化气的火灾爆炸事故也就尾随而至且没有停息过。据统计,仅 1973 年日本全国就发生液化石油气火灾爆炸事故 932 起,其中居民家 584 起;而在 20 世纪 80 年代,南京市居民使用的液化石油气钢瓶火灾的起数,就占全市火灾总数的 10%～14%。现在,我国城镇及部分农村还有相当数量的居民使用液化石油气,消防部队会经常扑救液化石油气钢瓶火灾,因此,研究家庭用液化石油气钢瓶火灾扑救技术,对于有效扑救液化石油气钢瓶火灾,减少火场人员伤亡,有着十分重要的意义。

1. 家庭用液化石油气钢瓶发生火灾事故的主要部位及其危险性

家庭用液化石油气钢瓶有两个十分关键的零部件,即减压阀和角阀。燃气部门有明确规定,减压阀不准随便拆卸维修,因此减压阀很少发生问题。引发家庭用液化石油气钢瓶火灾的主要部位是角阀,以下原因容易发生问题:

（1）由于角阀橡皮垫老化、开裂、掉落,以及角阀卡丝等原因,打开气瓶点火时,往往引起角阀处起火燃烧,火焰呈喷射状。

（2）由于上述种种原因,造成液化石油气从角阀泄漏,遇有灶具点火或室内其他火源,引起可燃混合气体爆燃或爆炸;其程度、威力和后果,视液化气体泄漏量的多少而定。

（3）由于钢瓶角阀处喷出的火焰会引起室内其他-物品燃烧,一般居民会迅速将钢瓶转移至室外或空旷地面,并将喷出的火焰朝向地面,这种状态会促使钢瓶发生爆炸。

（4）由于钢瓶在室内燃烧又一时难以转移出去,在场的群众或义务消防队员会用棉被覆盖钢瓶,同时用盆、桶盛水将棉被泼湿,这样看起来火势已经扑灭,但在最后揭开覆盖在钢瓶上的湿棉被时,往往会发生液化气体爆燃。

2. 从实际试验看液化石油气钢瓶燃烧爆炸的基本规律

为了掌握家庭用液化石油气钢瓶燃烧爆炸的基本规律,

在 20 世纪 90 年代初,由南京消防支队与上海消防研究所合作,组织了液化石油气钢瓶的燃烧爆炸试验。

2.1　确立近似火灾实际的试验项目

2.1.1　钢瓶站立,角阀处喷火燃烧。模拟钢瓶角阀空挂没有拧上、丝扣没有扭紧等原因造成角阀喷火燃烧,或角阀处泄漏起火后有人把钢瓶拖到空旷地带站立燃烧。

2.1.2　钢瓶横躺,放在点燃的柴火堆上烧。把装满液化石油气的钢瓶横卧在柴火堆上,模拟家庭发生火灾后,液化石油气钢瓶周边的家具等可燃物燃烧对钢瓶的影响。

2.1.3　钢瓶放平,角阀处火焰喷向地面。模拟钢瓶站立燃烧后,周边人员看到角阀喷出的火焰会引燃家具或建筑材料,所以把钢瓶拖到户外水泥或沥青路面上放平,将角阀朝下,火焰喷向地面。

2.2　掌握钢瓶燃烧爆炸的基本规律

2.2.1　钢瓶站立,角阀喷火燃烧钢瓶不会爆炸。经多个钢瓶的反复试验,钢瓶站立,角阀处喷火燃烧不会引起燃烧钢瓶爆炸。因为喷射型的火焰温度对钢瓶自身的影响不大,在火焰喷射燃烧到一定时候,角阀口的环氧乙烷胶垫开始熔化,火焰喷放加剧,直至最后将瓶内液化气烧尽,火焰自动熄灭,也不会发生回火引爆钢瓶的现象。

2.2.2　钢瓶靠近燃烧的家具,或放在少量的柴火堆上燃烧难以引起爆炸。室内家具或少量可燃物的燃烧还不足于达到液化石油气钢瓶的爆炸温度,尤其是在钢瓶角阀处泄漏的情况下,柴火堆火焰的烘烤会加剧泄漏处火焰的喷放程度,由于钢瓶的泄压加快,更难引起钢瓶的爆炸。

2.2.3 钢瓶放倒,角阀口朝下喷火燃烧,很快就会引起钢瓶爆炸。一旦把液化石油气钢瓶转移至室外,放在水泥或沥青路面上,将角阀喷射的火焰朝向地面,液化石油气燃烧的高温火焰就会烧烤整个钢瓶,加之水泥和沥青的热传导作用,钢瓶很快就会发生爆炸。

2.2.3.1 钢瓶爆炸时间。经多次试验观察,钢瓶放倒角阀朝下喷火燃烧后,4分钟以后钢瓶就开始臌胀,约4分半到5分钟的时间,钢瓶就会爆炸,这一状态的爆炸概率几乎是100%。有居民家庭火灾的实际案例也证明了这一试验结果,南京市有一户居民液化气钢瓶起火后,将钢瓶拖至门外沥青路面的人行道上,角阀喷火朝向地面。辖区消防中队约4分钟赶到现场,就在中队指挥员下车后走向燃烧钢瓶现场,相距约50米的时候,钢瓶发生了爆炸。

2.2.3.2 钢瓶爆炸威力。钢瓶爆炸碎片最远能飞出110米,钢瓶不会出现粉碎性爆炸,一般炸成3~4片飞散出去,飞射的钢瓶片犹如刀片一样有很强的杀伤力,在上述居民火灾的案例中,炸飞的钢瓶碎片切断了路人的3条大腿。

2.2.3.3 爆炸碎片飞射方向。液化石油气钢瓶横卧地面爆炸时,钢瓶碎片飞射方位是顶部和底座部位两端的45。角,基本不会在钢瓶中部横向飞散,也许是钢瓶中部有焊缝比较薄弱,容易形成向两端的拉力。

3. 家庭用液化石油气钢瓶火灾扑救技术要点

　　根据液化石油气钢瓶燃烧爆炸的实际试验,结合平时灭火实战的经验,消防部队指战员可以掌握扑救液化石油气钢瓶火灾的基本技术。

3.1　了解液化石油气钢瓶燃烧状态

　　消防指挥员到达火场时,首先要了解钢瓶的燃烧状态,查明是在室内烧还是已经转移在室外烧,是站立燃烧还是横卧燃烧,是与家具等可燃物同时燃烧还是仅仅钢瓶燃烧。如果遇有钢瓶横卧、角阀朝下喷火燃烧的情况,要了解已经燃烧的时间,估算可能引起爆炸的时间,并作好防止爆炸的准备。

3.2　依据不同火情采取相应措施

　　钢瓶站立燃烧,可以大胆靠近,用喷雾水冷却钢瓶,并设法关闭气瓶开关;如果气瓶开关因损坏无法关闭,即将气瓶转移至无人的空旷地带,在喷雾水枪的冷却控制下,将瓶内气体烧完;如果钢瓶与家具等可燃物同时在室内燃烧,可在出水冷却钢瓶的同时,扑灭室内明火,然后关闭气瓶开关,无法关闭开关即将气瓶转移至室外处置;如果钢瓶横卧、角阀朝地面喷火,要命令水枪手迅速从钢瓶中部靠近,喷水冷却钢瓶,并适时使钢瓶站立,保持冷却,消除爆炸隐患。

3.3　谨慎处置覆盖在燃烧钢瓶上的湿被

在有些灭火战例中,现场人员以为湿棉被覆盖的燃烧钢瓶已经不见火情,便轻易去揭开湿棉被,而被爆燃的火焰烧伤,这方面的教训非常深刻,必须引起消防指挥员的充分重视。因为湿棉被覆盖在燃烧钢瓶上时,由于窒息缺氧,加之泄漏的液化气大量充斥棉胎,远远超出爆炸上限,钢瓶的明火会被熄灭;但大量可燃气体充斥在棉被内,棉絮纤维与芦苇、稻草一样因含有氧气而具有易燃特性,此时发生爆燃就缺空气,当把湿棉被揭开时,大量补充的空气就会给猛烈的爆燃提供条件。因此,消防指挥员见有湿棉被覆盖钢瓶时,应命令喷雾水枪覆盖住棉被,再有战斗员用绕钩往自己站立的方位慢慢拉起被子,当然这一切行动都在湿棉被和钢瓶被水雾覆盖之下进行。

九、冷却控制是油罐火灾
扑救的既定原则

扑救油罐火灾,消防部队必须坚持"冷却控制、等待增援、备足力量、一举歼灭"的灭火战术原则。一旦油罐发生火灾,先期到达火场的消防力量,要采取一切有效措施,布置对燃烧罐和邻近罐的冷却控制(此处不涉及罐区的地面流淌火扑救问题)。只有待冷却力量全部到位以后,才能考虑或部署扑灭油罐火灾的战斗行动。这是几十年来消防队伍灭火实战的经验总结,是消防部队在扑救油罐火灾中必须坚定不移地贯彻执行的灭火战术原则。

1. 实战中出现的战术措施碰撞

1993 年 10 月 21 日晚 6 时许,南京炼油厂 310 号万吨轻质油罐因操作失误,罐顶向外大量溢油,似瀑布般飘泼而下。扩散的油蒸气与空气混合,遇手扶拖拉机排气管喷出的火星引起爆炸燃烧。

1.1 火灾扑救的初战部署

消防部队在第一时间段到达火场的力量,以及前两个批次的增援力量到达火场以后,按照冷却控制的原则,先后布置了17支水枪、2门水炮冷却着火罐;又布置了29支水枪冷却邻近罐和附近管道。这应该说是构筑了一个很强的冷却阵容,是控制火场局势、防止火情恶化的重要措施。

1.2 冷却行动遇反对意见

在火场布置完冷却力量,水枪手正冒着随时飘落的火帘向烧红的罐壁顶部射水的时候,现场有两名企业领导同样是出于强烈的责任感、为火灾扑救献计献策而情绪激动地批评采取的冷却措施,明确提出反对向燃烧罐射水冷却,说向烧红的钢板喷射冷水会使油罐发生"淬火"而变形,要求消防队伍撤下冷却燃烧罐的水枪。

1.3 坚定不移的指挥意识

火场指挥员坚定不移地要求部队继续展开的作战行动,维持原有的冷却强度。指挥员清醒地意识到:消防部队几十年来从理论教学到灭火实战,油罐火灾灭火战术原则的首句就是"冷却控制";在油罐火灾扑救中,如果没有充足的、高质量的冷却,就不能控制全局;油罐顶部的沿口已被烧熔化,边圈扭曲变形,16米高的罐壁由五层钢板焊接而成,上部的那层钢板的焊缝已被烧红,局部焊缝已经窜火,一旦冷却不力使顶层罐壁烧熔掉落,顷刻之间将有近2000吨的汽油燃烧着倾泻而下,其后果不堪设想。

2. 冷却控制具有科学依据

油罐火灾扑救中优选使用的冷却控制战术,不仅是消防队伍长期以来灭火实战的经验总结,而且有一定的理论依据和实验数据给予支撑。

2.1 了解油品的基本燃烧速度

油品的燃烧速度一般用三种方式来表达,一是水平燃烧速度,即每秒或每分钟燃烧蔓延多少平方米;二是重量燃烧速度,即每分钟燃烧多少公斤,或每小时烧了多少吨;三是直线燃烧速度,即每分钟或每小时烧了多少厘米或多少米。对于油罐火灾来说,罐内燃烧面积额定,燃烧的重量缺乏直观性,与冷却控制关系最紧密的应该是直线燃烧速度。

2.2 了解罐内油品直线燃烧速度的试验结果

笔者查阅了国外油罐燃烧的试验数据,经国外相关部门对不同油罐的直线燃烧速度进行的试验表明,不管多大口径、或多大吨位的油罐,其直线燃烧速度是一个相同的恒数,即每小时 40 厘米,也就是说 10 个小时烧 4 米,对于一个 16 米高的油罐来说,只要强化冷却控制,维持罐壁的强度,一个小时烧掉 40 厘米深的油层,一般不会出现什么问题,而如果冷却控制不到位,火场的情况就有可能恶化。

2.3 了解浮顶罐油品直线燃烧速度的变化

南京炼油厂起火的 310 号万吨油罐是浮顶罐,由于是满罐冒顶,燃烧着的油品还在不停地往下流淌,同时灭火泡沫无法在油罐的油品上面积存覆盖,所以在冷却控制的前提下,15个小时以后,待油罐内的油品烧损一定的空间,再发起灭火总攻。现场灭火指挥员的思维十分清楚,每小时 40 厘米是拱顶罐全敞开情况下的直线燃烧速度,而浮顶罐的液面积只是堰板与罐壁之间空间。考虑到爆炸使浮顶变形,罐内暴露的液面积会有所变化,因此,当时估算浮顶罐的直线燃烧速度约每小时 10 厘米。火灾扑灭后的第二天,着火油罐内的灭火泡沫已经消失,指挥员组织人员用尺丈量,从罐壁顶部沿口到罐内液面的距离是 1.5 米,正好是每小时 10 厘米。这不是巧合,也不能认定是绝对准确的科学依据,但确实可以作为经实战证明的、有重要参考价值的经验数据。

3. 灵活机动实施冷却控制

冷却控制是油罐火灾扑救万分重要的既定战术措施,但在实施过程中,火场指挥员必须根据现场的实际情况,更为完善、更为有效、更为科学地部署冷却力量。

3.1 清障劈路开道,冷却力量快速到达指定部位

南京炼油厂万吨油罐火灾,罐顶喷洒飘落的油气与空气的混合物引起爆炸后,现场的灾情相当复杂。着火罐周边 2

万平方米范围内一片火海,罐顶、罐底阀门、罐区地面,罐区操作间、管道沟、道路及小山树林到处烈焰熊熊。率先到场的炼油厂专职消防队和辖区公安消防中队出泡沫枪先横扫路面、管道沟、操作间和小山林处火势;第一批增援力量则直插罐区,出泡沫扑灭罐区地面流淌火,把火势限定在罐顶和罐底阀门处,并汇合后续增援力量展开对燃烧罐和邻近罐的冷却控制。有些油罐火灾,并非火势都限于罐内,罐区的火灾情况相当恶劣,消防指挥员要指挥先头部队清除障碍,快速扑灭罐区外围火势,以及燃烧罐周边地面的流淌火,为后续到场力量抵达燃烧罐实施冷却控制创造条件。

3.2　遵循计算公式,实际冷却用水量留有充足余地

　　为了对油罐火灾实施有效的冷却控制,必须在按公式计算冷却用水量的基础上,再留有适当的保险系数。如在南京炼油厂万吨油罐的火灾扑救中,冷却燃烧罐经计算需要 10 支水枪,而实战中布置了 17 支水枪和 2 门车炮;冷却邻近罐,按理论计算需水枪 17 支,而实战中使用了 28 支水枪;整个火灾扑救的用水总量,理论计算为 1.2 万吨,实际使用了 2 万吨。在多年以来的油罐火灾扑救中,消防部队用于冷却控制水量和灭火泡沫药剂量都较大幅度地超过理论计算量,应该说是比较正常或可以理解。

3.3　创新理论依据,优化油罐火灾冷却控制力量

　　以前油罐火灾的灭火理论计算,大多以金属拱顶罐为依据来确定所需冷却的邻近罐个数及冷却强度和时间。然而,

现在使用的大型、较大型储油罐,已经基本废除拱顶罐,替代以浮顶罐。浮顶罐在燃烧罐与邻近罐冷却方式和强度上有着很大的差别。浮顶罐燃烧后,冷却的邻近罐个数可以减少,有的邻近罐可以不需要冷却,油罐火灾扑灭后,持续冷却的时间也可以缩短;如果用 A 类泡沫冷却邻近罐,用水量只有水枪的 1/20,因为它不需要不停地往罐壁上打水冷却,只要往邻近罐罐壁上扫一遍、刷一下就可以保持 7～9 分钟对辐射热的抵御能力。消防队伍亟需新的油罐火灾灭火冷却计算公式和数据,建立新的油罐火灾冷却控制供水理论,用以指导消防队伍有效扑救油罐火灾,也为计算机模拟作战指挥系统提供基础数据。

4. 油罐火灾泡沫灭火的几种方法

扑救油罐火灾,一般是喷射泡沫覆盖灭火。但针对不同的油罐,使用什么样的车辆装备组织向油罐火灾进攻,从以往的灭火实战情况来看,可有以下几种方法。

4.1 重型泡沫消防车集群作战

遇有万吨以上油罐起火,包括 5 万、10 万立方米的超大型油罐起火,可以组织重型泡沫消防车集群作战,其展开战斗的基本条件,一是起火油罐周边场地空阔、道路畅通,几辆担任主战任务的重型泡沫消防车能够在一定距离内停靠起火油罐,车顶炮、举高炮射程能够覆盖油罐火势;二是公安消防部队或企业专职消防队配备有一定数量的重型泡沫消防车或能够喷射泡沫的举高消防车,油罐起火后能在一定的时间内调集到火场停靠在指定位置;三是要备有充足的灭火泡沫液,按照油罐火灾扑救泡沫供给强度的计算,一次灭火延续时间按 5 分钟、泡沫储备量为一次灭火用量的 6 倍,这是因为重型泡沫消防车炮喷射流量大、泡沫用量大,如果泡沫准备不充分会出现灭火射流中断的现象;四是要组织有效的持续供水,重型泡沫消防车用水流量特别大,要有相当数量的水罐车通过串联供水、吸取消防水池水、运水供应、向火场铺设临时供水管道等措施保证火场灭火需求。

4.2　架设移动泡沫炮喷射泡沫灭火

按照国家关于油罐区的消防安全设计规范,消防车应该能够抵达每一个油罐周边,消防车喷射的泡沫应该能覆盖油罐液面。但遇有不符合消防安全设计要求,或出于特殊地形的油罐区,消防车喷射的泡沫就难以到达燃烧罐。1993 年 10 月 21 日南京炼油厂 310 号万吨轻质油罐火灾就是一例,当时三辆进口奔驰重型泡沫车在三个离 310 号油罐最近的方位喷射泡沫灭火,泡沫的最远落点只能是罐壁,无法抵达燃烧罐液面,当时指挥员无奈地取消了重型泡沫消防车扑救油罐火的方案。还有一种情况,由于受场地的影响,一辆主战车停靠以后,后面的车辆就无法靠近油罐,使得油罐灭火的泡沫供给强度不足。遇有上述情况,就可以考虑使用移动泡沫炮喷射泡沫灭油罐火。1993 年南京炼油厂 310 号油罐火灾在灭火总攻开始时,在燃烧罐防护堤内架设了 4 个移动泡沫炮,这种移动炮的泡沫喷射流量 200 l/s,射程能达 20 米以上,特别适合于用来扑救 3 000 吨、5 000 吨及 10 000 吨左右的油罐火灾。

4.3　泡沫勾管沿梯登顶作战

前面我们已经说过,现在万吨级以上、甚至五千等级的油罐一般都采用浮顶罐,起火后燃烧面积是堰板与罐壁之间的一圈液面积。由于爆炸或高温烧烤等原因,浮顶往往成为凹型朝上"油锅",又由于变形或移动,浮顶会卡在某一个方位,或压盖住某一处罐壁边沿,在喷射泡沫灭火的时候,出现局部小面积的死角。1993 年南京炼油厂万吨油罐的火灾扑救中,就出现了这样的死角,尽管泡沫炮在不停地喷射,但死角处的火焰久久不灭。火场指挥员果断命令突击队用预先准备好的泡沫勾管登上罐顶灭火。突击队沿着油罐壁上的旋转铁梯逐级而上,沿梯铺设水带,到罐顶沿口挂上泡沫勾管,出泡沫扑灭死角火势。登罐的 7 名消防官兵都立了一等功,他们是冒着风险冲上去的,罐壁的旋转扶梯沾满油污,官兵们脚上穿的作战胶鞋都滑落了,就赤着脚往上爬,固定水带的挂钩不足,就取下自己的裤带绑住水带。他们在中国消防史上开创了大型油罐火灾等顶灭火的成功先例,为消防部队扑救油罐火灾积累了丰富的经验。

5. 关注超大型油罐火灾的处置措施

所谓超大型油罐,即为 5 万立方米以上的大型油罐,目前国内已建成的油罐中,主要是指 5 万立方米、10 万立方米的油罐。超大型油罐体量大、储油多,一旦发生火灾,后果不堪设想。2010 年 7 月 16 日,大连中石油国际储运有限公司新港码头油库因油管破裂，油品外溢，形成大面积冲天大火，并造成一个 10 万立方米油罐坍塌。超大型油罐的大量增加及大连新港码头油库火灾的警示，引起了消防部门的充分关注。超大型油罐建设集中地的政府和消防总队、支队已着手评估罐区安全，布置隐患整改，致力于提高超大型油罐区的安全性。

5.1　超大型油罐区应该有很强的自防自救能力

对于超高层建筑，国家规范要求其必须有完善、先进、可靠、有效的自动消防系统，具有自防、自控、自灭的能力，尤其在火灾初期。作为消防部门，也历来认为超高层建筑火灾主要依靠其内部消防设施，因为火势发展到一定程度，消防部门对冲天大火已无能为力。与超高层建筑一样，超大型油罐区也必须有稳定可靠的初起火灾自防、自控、自灭能力这是避免超大型油罐区火灾发展到不可收拾地步的基本保障。超大型油罐区的自防自救能力表现在按国家规范建罐，确保每一个环节的施工质量，确保建罐材料和罐区设备在罐区运行中不发生任何问题，包括输油管道及阀门的绝对可靠性，以及罐区计算机控制系统的准确、安全地运行；建设充足有效的供水系统，包括储罐降温喷淋系统，火灾冷却喷淋系统，固定式冷却水炮，以及泡沫灭火用水供给系统；感温、感烟、感光、油气、红外等自动火情报警系统，固定泡沫灭火系统，以及油品导流、围堵和环保处置系统等。

5.2　超大型油罐区应该有充分的灾情预防措施

超大型油罐由于其结构设计、储存条件、运行控制、灾情预防等方面的强化,会有很好的储存安全性,一般不容易发生火灾,从国内外的火灾案例上看,极少有 5 万立方米或 10 万立方米的超大型油罐起火,但是有罐区其他一部位起火对油罐造成威胁,如大连新港码头油库火灾因输油管破裂、油品外溢形成凶猛的流淌火势,滚滚逼向超大型油罐,甚至由于燃烧的高温烘烤使邻近的一个 10 万立方米油罐倒塌,所幸罐内只有 1 万余立方米储油,没有造成更大规模的油品溢流,如果是在 10 万立方米罐内有一半以上的储油,其后果将是灾难性的(当然罐内油品储存越多,其冷却罐壁、抵御高温烘烤的能力越强,在一定时间内也就不会使其倒塌)。然而,超大型油罐区的火灾危险因素存在,罐区其他部位和因素引起火灾后对超大型油罐的威胁存在,而且油罐一旦发生灾情,后果不堪设想,因此必须防患于未然,采取有针对性的预防措施,以应对可能发生的火灾事故。一是要确保输油管、阀门及罐区相关设备的优质,定期进行检查与维修保养,维修期间要建立完善的施工方案,制定严格的安全保卫制度,以防止罐区其他部位发生火情后波及超大型油罐。二是要设置符合规定的、可靠的避雷装置,如果避雷装置达不到规定的要求,将是引起超大型油罐火灾的主要原因之一,这方面国外曾经有过惨痛教训的案例。三是要有消防队伍展开灭火战斗行动的场地,主要是罐区通道、罐区周边道路及储罐周围的停车作战环境。我国一些超大型油罐非常密集的罐区,也就是几十个 10 万立方米油罐紧紧聚集在一起,罐区两侧的主通道都无法使两辆大型消防车交会、罐区内油罐周边无法停靠多辆消防车作战的情景显然不符合应急要求。四是本人认为极其重要的一点,就是要有油品外溢的导流、汇集、储存区域。我们看到,在一般的储油罐区,按规范设置有防护提,防护提的容积应该是罐区内最大罐的储量,主要是防止油罐发生问题后能围住流淌的油品,不至于到处流淌波及其他油罐。在从实际案例来看,在大连的火灾扑救中,除了及时调集了强势的有生力量,消防官兵英勇善战以外,罐区两条输油管沟起了极其重要的作用。管道沟又深又宽,大量的油品流入沟中,或者说限于沟中燃烧,减少了油品在罐区路面奔流横溢的程度,当然也就减轻了对超大型油罐的威胁。所以,罐区要有意识地设置能够储油的部位。超大型油罐区已设有较高的防护提,在此基础上,象管道沟、大型排水沟、蓄水池等,在关键的时候都能把流淌的油品导流、汇存起来,以防止事态扩大。

5.3　超大型油罐区应该有超强的灭火作战队伍

　　超大型油罐区所设的企业专职消防队,尤其是罐区所在的公安消防部队应该配备相当数量性能优良的大功率、多功能消防车,强化消防队伍的作战能力,以应对可能出现的灾情。因为超大型油罐一旦发生问题,其火势之猛、燃烧范围之广、火势强度之大,其情景超乎想象。如果没有强势的灭火力量,难以控制、应对超大型油罐火灾,大连新港码头油库超大型油罐火灾的成功扑救,就是因为大连消防支队配备有全国一流的消防装备,大连消防部队具有强势灭火力量。当罐区火灾发生后,燃烧的油品似洪水般奔流蔓延,灾情十分严峻。大连消防支队及时调集了 108 辆消防车,堵截控制、冷却保护、与汹涌的地表流淌火生死搏斗,激战 7 个小时,硬是顶住了火势的无限制蔓延,控制了火势的无限制恶化,为辽宁省消防总队调集大兵团增援现场,组织大规模联合灭火作战争取了宝贵的时间。随后,现场灭火总指挥部共组织了辆消防车,展开了与罕见的冲天大火的生死较量,动用了 20 000 l/s·min 流量的远程供水车确保火场供水,终于取得了超大型油罐区灭火作战的胜利。

5.4 超大型油罐区应该有科学的现场灭火指挥

超大型油罐区发生火情,消防指挥员的作战指挥起着十分关键的作用。应该说超大型油罐的火灾扑救是一个非常复杂的作战系统,涉及很多的理论和指挥问题,本人在此仅作几点提示:一是及时准确地把握住火情,冷静理智地启动应急机制。超大型油罐区发生火灾,率先到场的消防指挥员不要惊慌失措,不要盲目决策,而要冷静地先查清火情,如火势在什么部位燃烧及其燃烧的面积与程度,是否超大型油罐发生了问题以及油罐有无损坏,如果是罐区其他-部位发生火情,有无油品外流,以及对超大型油罐的影响程度等。及时准确地弄清情况以后,一方面从最坏处着手启动应急机制,另一方面是那个部位发生什么样的情况,就采取针对性的措施来解决问题。二是开启相应的冷却系统,把控制火情作为首要任务。冷却是处置油罐火灾事故、防止油罐火灾恶化的首要和极其重要的措施,只要超大型油罐起火,或其他-部位的火情威胁到超大型油罐,就应立即启动冷却系统,包括水幕喷淋和固定冷却炮。但是,如果固定冷却炮喷射的水流影响流淌油品的流动方向,则要视情而定;如果已经喷射泡沫在扑救地面流淌火,冷却水流会破坏泡沫灭火效果,也应该调整灭火冷却方法。三是启动固定式泡沫灭火系统,力争把火势扑灭在初期阶段。一旦超大型油罐起火,只要泡沫发生器没有损坏,就要及时启动固定式泡沫灭火系统,这是在火灾初期有效扑灭火灾的最有效、最快捷的方法,即使地面还有流淌火,也可以在固定系统扑灭储罐火势的同时,组织对地面流淌火的扑救。四是围堵、导流、扑救流淌火,防止火情对超大型油罐造成威胁。超大型油罐区发生火灾,流淌火是最大的危害。即使火灾没有发生在储罐,而在罐区的其他-部位,如输油管破漏,特别是大流量、大范围的溢流,对超大型油罐的威胁是非常严重的,因此要采取一切措施,如喷射泡沫围堵,甚至用水枪、水炮冲击导流,把燃烧的油品容纳在一个可以稳定燃烧的低洼处,限制其产生危害。五是要熟悉罐区储存流程,适时采用工艺措施。消防指挥员要熟悉超大型油罐区的储存流程,油品的进出、走向,阀门控制,输转、倒灌操作等,一旦出于控制火势或减少损失的需要,就可与罐区工程技术人员一起采取上述工艺措施。六是罐顶局部燃烧,组织攻坚小组登顶作战。国内外消防专家一致认为,如果超大型油罐罐顶发生局部小规模火情,由于油罐高大,喷射灭火药剂不太方便时,可以组织攻坚小组,登顶展开灭火作战,能取得较好的灭火效果。七是组织全方位大兵团作战,有效扑灭超大型油罐火势。一旦超大型油罐火灾已经成势,油罐毁坏,油品滚滚流淌,罐区火海一片,有多个油罐受到火势威胁,这就是最坏的局面。消防部队要在党委、政府和公安机关的统一指挥下,调动千军万马,动用一切可以发挥作用的消防车辆、装备,投入与超大型油罐区冲天大火的决战,先控制局面,再根据情况逐步解决问题。

八是采取环保措施,防止发生油品污染事件。采取环保措施是超大型油罐灭火指挥的重要一环。超大型油罐区一般都设置在沿海一带,油品的溢流容易引起海面污染等环保事故,大连新港码头油库火灾中就造成了较大面积的海面污染,因此消防指挥员从一开始就要把防污染措施列入作战指挥的决策之中,注意流淌油品及灭火水流的去向,采取必要的围堵、筑坝、导流和海上围栏的措施,最大限度地减少污染程度。

十、化工装置火灾
扑救的战术应用

在化工企业火灾中,原料、产品或中间体是燃烧的对象,即人们通常讲的各种油、气及化学物品;而化工装置与设备是火灾燃烧的主体,因为各种化工原料、中间体和产品要在装置内混合、反应、催化、裂解,各种物料要在设备中运转或储存,物料不会脱离装置而单独存在,形形色色的化工火灾和爆炸事故都是从装置和设备上体现和反应出来的。可见,认真研究化工装置火灾特点,探索其灭火对策,对提高消防队伍灭火作战能力,有效控制和扑救化工企业火灾有着十分重要的作用。

1. 通过火灾实例分析化工企业火灾特点

说起化工火灾的扑救,教材会告诉我们化工企业的火灾特点是爆炸危险性大,燃烧速度快,火情复杂、火灾危害大等;化工生产的物料特点是易燃烧、易爆炸、易蒸发、易流动扩散、易沸腾突溢、易中毒腐蚀、易产生静电等;化工企业的生产设备特点是物料容器多，工艺管线多，塔、釜、槽、罐、桶等装置多，仪表、阀门多等，如果逐一讲解，用时很多，在此不作赘述。

受本人的委托，武警学院消防指挥系灭火战术教研室教师侯祎博士统计了1979年至2011年间92起化工企业燃烧爆炸事故的基本情况，我们可以通过这些生动的火灾实例，来了解化工企业火灾的大致情形。

1.1 化工企业火灾伤亡严重

在统计的92起案例中，由于种种原因都不同程度地发生了物理性或化学性爆炸，共造成612人死亡、1 679人受伤。可见，化工企业火灾事故伤亡严重，且伤亡者大多是当时在现场的操作、管理人员。一旦发生二次或多次爆炸，赶到现场施救的消防队员就有可能受到伤害。

1.2 引起爆炸的原因基本是人为因素

在92起案例中，无论是先爆炸后持续燃烧，还是先燃烧后引起爆炸，都是人为的因素造成的。其中违反操作规程引爆的27起，占29%；设备故障引爆的20起，占22%；可燃气体等物料泄漏引爆的19起，占21%；其他-原因依次为温度失控、物料反应、超压、冲料、摩擦撞击、违章动火、静电等。

1.3 爆炸燃烧的物料品种十分广泛

在92起案例中，燃烧爆炸的物料品种达35种之上，分别为液化石油气9起、硝化物8起、环氧乙烷和氯乙烯各6起、氨气5起、煤气4起、氢气3起、天然气1起、苯6起、汽油1起，还有甲醇、乙二醇、丙烯、丁二烯、戊烷及其他--些化学物品。

1.4　爆炸是化工企业火灾的重要现象

在92起案例中,大多是由于可燃气体泄漏,或操作失误,或设备故障等原因而先期引发了爆炸,因此伤亡者基本是企业的生产和管理人员。当然,也有燃烧进行到一定时候再发生爆炸,如1998年3月5日西安的液化石油气爆炸,出现这种情形伤亡就会更加惨重,参加灭火救援的消防官兵的生命安全会受到严重威胁。

1.5　化工装置起火后发生爆炸的极少

在92起案例中,没有化工装置起火燃烧后发生爆炸的现象。因为各种化工装置如塔、釜、锅、炉等一旦开口燃烧,必然泄压而失去爆炸的条件。当然,化工装置起火燃烧后长时间得不到冷却,火焰或高温作用于装置本身或邻近装置,也会产生难于预料的后果。

2.　化工装置火灾的典型特点

化工装置发生火灾,其特性十分复杂,往往不同程度地从装置特点、燃烧物特点和环境特点上反映出来。我们务必要抓住化工火灾中最为重要、与火灾扑救息息相关、对指挥员灭火决策至关重要的基本特点。

2.1　燃烧场景凶猛强势

　　化工装置发生火灾，由于物料的泄漏喷洒，往往形成相当大的火场规模。容易造成立体火灾，火势在装置的上部高处疯狂地喷射燃烧，中部物料流淌之处同步燃烧，下部地面物料流淌火猛烈燃烧；化工企业火灾，大多先发生油气泄漏爆炸或设备装置爆炸，不仅造成现场人员的伤亡，还会摧毁损坏化工装置或设备，情景相当悲惨惊骇；重特大的化工企业火灾，如北京东方化工厂火灾现场，一片火海，多罐和地面流淌火同时燃烧，油罐和气罐同时燃烧，多火点、多物料、多状态火势交织重叠，火场情景恐怖万分。所以，化工装置火灾的这一特点，不仅决定了火灾规模，而且容易对消防指挥员的决策判断、对消防指战员的作战意志造成干扰，出现紧张慌乱、惊恐失措，或匆忙应战，抓不住火场的主要矛盾、看不准火场的主要进攻点、用不好有效灭火的战术措施等问题。

2.2　明灾暗险威胁并存

　　前面已经说过，化工企业的火灾往往以油气泄漏引爆，或设备故障、超温、超压引爆为先导，火场规模大，燃烧猛烈，情景凶险，甚至达到无法收拾的地步，所以要调动很多的消防力量，运用大功率、多功能的车辆装备来应对火情。另外，消防指挥员在面对冲天大火的同时，要充分注意潜在的、有可能发生的险情，尽管泄漏的油气已经引爆，燃烧部位已经开口，但是那些受火焰烘烤的紧邻装置，相连管道、设备的温压变化、以及有可能产生突变或反应的部位如冷凝管等，都应该列入火场指挥员火情侦察、险情防范、战术运用、决策指挥的重要考虑内容。

2.3　灭火药剂难以规范

　　化工企业的火灾扑救中,往往会投入大量的灭火药剂,包括水、泡沫或干粉。由于火灾规模大、燃烧面积大、受灾区域大、参战车辆多,致使灭火剂使用难以规范而影响灭火效果。如消防部队在火场会用泡沫扑救地面流淌火,但控制上部火势及冷却化工装置和设备就会使用大量的水流,冷却水流将对地面灭火泡沫产生严重的冲击和破坏作用。再如,前往火场的消防车装载着各种类型的泡沫药剂,在面对重大火灾的关键时刻,消防车到达火场后,总是立即展开战斗,各种类型的泡沫药剂会同时应用,在统一性、协调性方面缺乏有效组织。

3.　化工装置火灾灭火战术要点

　　化工装置的火灾特点非常复杂,火灾呈现的态势多种多样,灭火对策要因灾之宜,灵活应对。然而,扑救化工装置火灾,有几个灭火战术要点,消防指挥员务必充分注意。

3.1　确实弄清燃烧状态

　　火情侦察,历来是消防指挥员到达火场后第一件要做的重要事情,是消防部队成功扑救火灾的前提。消防指挥员到达化工装置火灾的现场以后,首先要弄清火场燃烧的状态,除了通过现场观察,更重要的是与化工企业的技术人员进行交流沟通,这是化工火灾火情侦察与一般建筑火灾火情侦察的重要区别。要确认是那一种燃烧物质,其储存状态、流通途径、管道阀门等可控措施,以及无法控制可供燃烧的物料总量等;要确认在那一种装置上燃烧,装置的工艺流程及其温、压特性,装置的毗连状况及其可以采用的冷却、降温、控火措施;要确认起火的整个装置中,有无因温度、压力变化,或由于火焰烧烤、高温影响,以及物料混合会发生剧烈反应的可能部位和环节等。确实把握上述信息,对于消防指挥员了解火灾特性,采取有针对性的技战术措施,有效扑救化工企业火灾起着十分重要的作用。

3.2 快速展开抵近攻击

石油化工火灾燃烧猛烈,险象环生,一旦形成气候,来势凶猛;爆炸、沸溢、喷溅及中毒等危害恐怖万分;火焰蹿腾的呼呼声、化工装置喷火燃烧的吼啸声、加之翻滚的浓烟、难以忍受的火焰辐射热,形成了火场非常恐惧的氛围。确实,火灾环境之可怕、作战环境之险恶、灭火行动之艰难,对灭火指挥员在现场能否沉着冷静指挥是一个非常严峻的考验。

关于化工火灾的扑救,以前消防院校的教科书上曾经提出过"以快制快"的战术措施,意思是说化工火灾发展蔓延很快,必须快速展开灭火战斗行动,及时予以控制消灭。这是一个非常科学、非常正确、非常有效的战术措施。

近几年来,我国发生的重大的石化火灾虽然没有发生大失误和严重的问题,但有些消防指挥员对于化工装置火灾存在恐惧感,如临大敌,紧张万分;临场底数不清,作战思路不明,只有决一死战的气概,缺乏知己知彼的指挥艺术;作战进攻的阵地设置十分软弱,消防车停得与起火装置有相当的距离,水炮射程没有充分发挥作用,灭火效果受到了很大影响,这些问题必须引起消防指挥员的充分重视。

扑救化工火灾,必须快速展开,抵近进攻,靠近设定进攻阵地,施以强攻近战。只要装置或储罐没有"失控",只要现场没有隐蔽的爆炸因素,只要装置已经开口,已经喷火,已经蔓延成势,就要敢于靠近。以强攻近战来实现冷却控制、抑制恶化,预防突变。火场的主动权来之于近,近了控火才有效果,近了进攻才有威力,近了水枪水炮才有作用,总之,近了才能制胜。

3.3 复杂火情科学处置

在化工装置、多个油气罐发生火灾,装置、罐、地面流淌火同时并存的大面积燃烧火场,火情复杂、险恶失控,消防指挥员要沉着冷静,科学指挥。

一是要对罐区、装置布置冷却力量,控制险情的扩展;

二是要组织扑救地面流淌火,把扑灭以后的地面油品导流到低洼坑塘处用泡沫层覆盖;

三是集中力量扑救化工装置火灾,关闭物料进出流淌的阀门;

四是扑灭地面流淌火以后再扑救重质油品储罐火灾,并保持罐壁冷却和液面泡沫覆盖;

五是最后扑救轻质油品罐或气罐火灾,组织强势兵力实施持续冷却。

十一、苯系列物品
火灾灭火作战要点

苯、甲苯、氯化苯等苯系列物品火灾的燃烧,有其特殊性。消防部队在扑救苯系列物品的火灾中,经常出现泡沫药剂灭火效果不良、火场覆盖流淌火的泡沫层被破坏、火焰复燃烧伤消防官兵等问题。因此,必须引起消防指挥员的充分重视。

1. 走近苯系列物品理化、燃烧特性

苯系列物品属于易燃液体,但是又与其他易燃液体如汽油,以及煤油、柴油等可燃液体有不同的特性。所以,适当了解其理化特性、特别是燃烧特性,会对扑救苯系列物品火灾有很大的帮助。

1.1 从灭火试验看实际效果

笔者曾组织过使用不同的泡沫药剂扑救不同的可燃液体的实际灭火试验。

1.1.1 在50米油罐中先加入水,再加入1000公斤汽

油,点燃至火焰猛烈状态时,用泡沫炮车喷射普通蛋白泡沫灭火,只见泡沫喷进油罐,快速覆盖液面,燃烧顷刻减弱,火焰迅即扑灭。

1.1.2　在油罐中加入 1 000 公斤苯,点燃至火焰猛烈状态时,用同一辆泡沫炮车,在相同的距离喷射普通蛋白泡沫灭火,只见泡沫不停地喷进罐内,而火焰不见减弱,仍然呼呼窜腾,灭火久攻不下。

1.1.3　在油罐中仍加入 1 000 公斤苯,点燃至火焰猛烈状态时,在同一距离、用同一辆泡沫炮车,喷射氟蛋白泡沫灭火,情形同普通蛋白泡沫扑救汽油火一样,迅即见到效果。

1.2　从理化特性的比对中了解

1.2.1　苯和汽油的理化特性有很多相似之处,如爆炸极限:汽油为 $1.3\% \sim 6.0\%$,苯为 $1.3\% \sim 7.1\%$;燃烧热值(经换算后):汽油 $46.055\mathrm{MJ/kg}$,苯 $41.92\mathrm{MJ/kg}$。理当燃烧特性也比较接近,但在实际灭火试验中却反映出较大的差距,在理论上没有明确结论以前,只能接受实际灭火试验的现实。

1.2.2　汽油和苯在相对密度、沸点、闪点、自燃点等方面存有一定差距,是否有什么关键因素,使苯燃烧后对普通蛋白泡沫的破坏起着决定性的影响,有待于进一步研究。

1.3　分析意见

1.3.1　普通蛋白泡沫扑救汽油火灾效果好,而扑救苯火灾效果差,几乎不起作用。汽油和苯、甲苯、氯化苯的理化特性如闪点、自燃点、蒸汽压、爆炸极限等都相差不大;但可能有些理化特性的差别起了作用,就如前面分析过的一样,想必是苯系列物品的燃烧对普通蛋白的破坏性相当大。

1.3.2　氟蛋白泡沫灭火性能比普通蛋白泡沫强,在苯系列物品的火灾扑救中尤为明显。就如教材所介绍的一样,由于氟活性表面剂的存在,氟蛋白泡沫比相同体积的普通蛋白泡沫灭火效果高一倍;氟蛋白泡沫的流动性比普通蛋白泡沫快三分之一,当氟蛋白泡沫喷射到燃烧液面上时,即能在泡沫下面形成一个薄膜浮在液面上,缩短了泡沫封闭燃烧液面的时间,泡沫如有破裂,溶液也会迅速地重新流聚,自动扑灭泡沫破裂处引起的复燃。

2. 苯系列火灾的灭火战术应用

苯系列物品的火灾扑救,在灭火剂选用、装置的冷却控制、向火势进攻和环保措施上都必须合理部署、科学施救。

2.1　准确选用灭火药剂

2.1.1　根据灭火试验的客观情况,已充分说明普通蛋白泡沫扑救苯系列物品火灾效果不佳。因此,遇有苯、甲苯、氯化苯等液体火灾,要果断地使用氟蛋白泡沫,否则,灭火将十分艰难,且覆盖在流淌液体表面的泡沫层会遭到破坏,而易使窜出的火焰灼伤消防官兵。

2.1.2　考虑到流淌的燃烧液体中难免会喷洒到灭火用水,所以,也可以使用抗溶性泡沫灭火,应该说会取得良好的效果。2006 年 8 月 23 日,江苏省常州市亚邦染料股份有限公司发生苯罐火灾,消防部队到达火场后,指挥员果断决定使用抗溶性泡沫灭火,结果现场冷却水流没有对灭火泡沫产生不利影响,火灾扑救圆满成功。在全国消防部队灭火战例研讨会上,常州市消防支队领导介绍了这起战例,全国参会代表对使用抗溶性泡沫扑救苯液流淌火灾的举措给予了充分的肯定。

2.2 注意水与泡沫互混的破坏性

2.2.1 一般说来,扑救液体储罐火灾,尤其是有较大面积流淌火的储罐区火灾,消防部队在现场往往布置水枪冷却储罐、设备;部署泡沫枪炮扑救储罐、流淌火。然而,在扑救苯、氯化苯等火灾时,要充分注意水和泡沫互混的破坏性,当水和泡沫交织喷射、相互混合时,泡沫覆盖作用破坏,灭火效率受损,已经取得的灭火成效也会功亏一篑。

2.2.2 消防指挥员必须充分认识这样一个问题,即水和泡沫可以一起喷射,但必须泾渭分明。也就是说,用水冷却储罐,泡沫打进储罐内灭火。如果喷射泡沫扑救流淌火,冷却水流又哗哗地流入流淌火区域,那就是指挥上的一种失误。

2.3 火灾扑救的"全泡沫"行动

2.3.1 当苯、甲苯、氯化苯发生火灾并出现大面积流淌火时,消防指挥员要考虑灭火现场的"全泡沫"行动,就是用泡沫枪炮扑救地面流淌火,同时用泡沫枪炮冷却储罐、装置。泡沫混合液中94%是水,应该有良好的冷却作用;可以有效地防止水流对泡沫的破坏;以获取灭火、冷却的双重效益,快速扑灭火势,顺利结束战斗。

2.3.2 苯系列物品火灾扑救的"全泡沫"行动,并非是一种良好的愿望,而是一项有效的灭火措施。一是苯系列物品火灾对用于灭火的泡沫药剂要求很高,如果再出现水流破坏泡沫的现象,那流淌火发生复燃的危险概率就高,这对深入流淌火区域展开灭火行动的消防官兵的威胁很大。二是苯储罐和装置的体量不是太大,一般卧式苯罐高 2 米左右,立罐的高度 3.5 米左右,氯化苯装置一般按三层楼格局布置,这些都在泡沫枪炮的有效射程之内;即使遇有体量较大的苯系列物品储罐或装置,消防车炮、移动泡沫炮和举高喷射车炮的射程能够有效控制;可见,苯系列物品流淌火灾现场的"全泡沫"行动完全可行。

2.4 预防苯系列物品火灾的重大水体污染

2.4.1 在扑救苯系列物火灾时,消防指挥员必须具备高度的环保意识。要在部署灭火战斗行动的同时,布置疏导、拦截、围堵废弃灭火用水及流淌的苯系列物品,防止流入附近的江、河、湖、海而造成重大的水体污染。根据火场的具体情况,从灭火作战的开始阶段就要部署环保行动,避免环境和水体污染,这已成为消防指挥员在扑救苯系列物品火灾中需采取的重要的战术措施之一。

2.4.2 可以从一个实际战例看消防指挥员对预防重大水体污染所采取的处置措施。在前面提及的常州亚邦染料股份有限公司苯火灾扑救中,时任江苏消防总队牛跃光总队长在接到报告的第一时间,向现场灭火作战部队下达了四点指示,前三条要求的内容就是"加强冷却,控制火势蔓延扩大;筑堤围堵,最大限度减少环境污染;注意防护,确保官兵人身安全"。时任常州市消防支队长梁云红按照总队长的指示,要求部队"加强冷却,防止爆炸;围堤导污,防止污染;调集药剂,适时灭火;做好防护,确保安全"。在具体组织作战行动时,他们一是对大气、水体实施动态监测;二是输转排污,利用排污泵将污水导流至污水池;三是调集棉被、稻草设置8道围栏吸附水面苯液;四是分段筑堤打坝,拦截污染水体向下游流淌;五是向拦截的污染水体投放活性炭。

十二、危险化学品泄漏，现场行动先出喷雾水枪

根据危险化学品发生泄漏的实例统计，消防部队经常处置的泄漏危险品主要是液化石油气（含丙烯）、煤气、氯气、氨气、汽油和其他毒物，包括光气、硫化氢、氰化氢、氯化氢、三氯氢硅、过氧乙酸、二硫化碳、溴素等，上述物品都有典型的实际泄漏案例。

1. 氯气、光气泄漏情况简析

1.1 氯气和光气是顶级的剧毒气体

氯气的人体吸入浓度，在每立方米 2.5 毫克时就会造成死亡；而光气的毒性是氯气的 10 倍，光气是一氧化碳和氯气的合成物，分子式为 COCL2。

1.2 氯气和光气的特性十分复杂

氯气和光气都比空气重，泄漏后不易飘散，会在地面飘浮

积聚;氯气在储罐、管道或装置中都有可能泄漏,液氯泄漏成气体扩散,体积能扩大 450 倍;光气的合成生产车间周围设有固定的防止光气泄漏扩散的水幕系统,科研机构等少量的使用光气时,要特别注意防止泄漏,2004 年福建创新公司小小实验室光气泄漏,也使 30 余人中毒。

1.3 氯气和光气都微溶于水

氯气和光气有一个重要的特性,就是微溶于水,也就是说,在氯气和光气泄漏的现场,如果喷水、特别是雾状水,能够溶解吸收一部分泄漏物。

1.4 雾状水流具有良好的处置效果

使用雾状水流冲击,除了具有溶解作用以外,还有驱散稀释作用。将沉积的气体冲散扬起,密集的水雾又能大大降低毒气的浓度还能有效地促进水雾的溶解作用。

2. 液化石油气、煤气泄漏情况简析

2.1 液化石油气泄漏后,体积迅速扩大,波及范围广

液化石油气在一定的温度和压力下,可由气态变成液态。当泄漏或释放时,在常温下液态的液化石油气极易挥发,体积能迅速扩大 250～350 倍。液化石油气的爆炸浓度极限为 2%～10%,1 L 液化石油气与空气混合后浓度达到 2% 时,能形成体

积为 12.5 立方米的爆炸性混合物，这是液化石油气区别于煤气等压缩气体的独特之处。可见，液化石油气泄漏后最大的危害就是爆炸；当然，液化石油气也有毒，不能吸入太多。

2.2 煤气有毒，又属于可燃气体

煤气的毒性与氯气相比，毒性较低。煤气为压缩气体，煤气泄漏后与液化石油气的气相管泄漏有相似之处，与液化石油气的液相管泄漏相比又有不同的特点。煤气的毒性具有隐蔽性。因为它没有味，不像液化液化气加了恶臭剂，所以一开始泄漏时，人们往往不易察觉；等到感觉了，又往往已无力反应。很多人在家庭洗澡用煤气热水器，泄漏又不通风就经常致人中毒死亡，或有的一家人在睡梦中因煤气中毒而死亡。

2.3 煤气的燃烧爆炸性危害严重

当煤气泄漏后在一定范围内积聚到相当的量，它凶猛的本性就显露出来了。2004 年 3 起煤气泄漏，有 2 起引发爆炸燃烧，济南某地一居民楼因煤气泄漏遇火源爆炸引起建筑倒塌；比利时阿特市工业经济区在 2004 年 7 月 30 日因煤气管道泄漏爆炸，造成 15 人死亡，200 多人受伤，爆炸震动在 10 公里外都能感受到。

2.4 雾状水具有重要作用

具有冲击力的雾状水能驱散、稀释泄露的煤气和液化石油气,降低泄漏区域内的气体浓度,增加现场的安全系数;雾状水的稀释还能降低泄漏气体的毒性。

3. 氨气泄漏情况简析

3.1 氨气对人体有毒害性

氨气为中等毒性,在福建漳州氨厂和山东莱县两起氨气泄漏中,分别受伤 39 人和 60 人,特别是人体出汗后,氨气对人体暴露部分、特别是眼睛具有强烈的刺激性。

3.2 氨气具有燃烧爆炸性

氨气属可燃气体,其爆炸浓度极限在 15.7%～27.4%,这个区间相当危险,有多次氨气泄漏事故在消防部队处置期间发生过爆炸。因此氨气泄漏现场要禁止火源,犹如液化气泄漏一样管制现场火种,防止引起爆炸。

3.3 注意氨气泄漏的低温环境

必须穿全封闭防化服并佩戴防毒面具,最好穿棉裤或厚质衣裤。在处置氨气泄漏事故中出现过消防队员下身被冻伤的情况。

3.4 雾状水在氨气泄漏现场处置效果良好

氨气易溶于水,浓度高的氨水往往按要求加水稀释后使用。雾状水能改变泄漏氨气的浓度，防止发生爆炸。消防队员在氨气泄漏现场穿上厚棉衣裤，部署喷雾水枪，基本就不会有什么问题。

4. 硫化氢、氯化氢、氰化氢泄漏情况简析

4.1 "三氢"为重毒物质

硫化氢、氯化氢、氰化氢泄漏不多，但其毒性等危害都非常大，尤其是硫化氢和氰化氢为剧毒品，不可等闲视之。如2003年重庆开县井喷，扩散的硫化氢致234人死亡，数百人受伤；2004年开封中石油化工厂氯化氢泄漏，致使316人中毒；2004年北京黄金冶炼厂氰化氢泄漏，使11人死亡，3人中毒。

4.2 注意硫化氢和氰化氢的燃烧爆炸性

"三氢"中除了氯化氢不燃烧而腐蚀性强以外，硫化氢和氰化氢都有燃烧爆炸性。硫化氢为易燃气体，爆炸极限为4.0%～46%；氰化氢为易燃液体，爆炸极限为5.6%～40%。所以，泄漏现场既要防毒，又要防爆。

4.3 "三氢"易溶于水

硫化氢、氯化氢、氰化氢有一个共同特点，就是水溶性，而且是易溶于水。雾状水不仅起到溶解作用，同样也有驱散、稀释效果，可以降低泄漏物质浓度，有效地抑爆防爆。

5. 军事毒剂和爆炸物品情况分析

5.1　军事毒剂具有水解性

大凡军事毒剂,如沙林、梭曼、塔崩、维埃克斯等,也都有一个共同特性,就是水解。

5.2　爆炸物品遇水失效

爆炸性物品,如 TNT 炸药、黑火药、硝胺炸药、烟花炮竹等,也都有一个共同特性,即见水失效。尽量用雾状水,防止强水流冲击,因为冲击和振动会引起爆炸物品爆炸。

6. 小结

6.1　泄漏物品与水关系密切

综上所述,氯气、光气微溶于水;硫化氢、氯化氢、氰化氢易溶于水;氨气易溶于水,军事毒剂水解,爆炸物品遇水失效。

6.2　现场处置喷水行动十分方便

消防部队随时可以出喷雾水枪,常规处置的危险化学品泄漏,大部分泄漏对象都可以用水驱散、稀释,浓度降低避免爆炸,毒性降低减少危害。

6.3　雾状水是处置事故的"灵丹妙药"

对于泄漏的化学危险物品，水是良方、水是克星，水是最廉价、最方便、最好使用处置药剂。消防部队作战靠的是水，可以充分发挥水流作用，以保护自己，减轻泄漏现场危害。

6.4　现场行动先出喷雾水枪

我对消防部队初战指挥员说，到达危险化学品泄漏的现场，第一道作战命令，就是上喷雾水枪。至于特殊情况，都应该在消防指挥员的临机处置和能力范围之内。例如，汽油泄漏，你难道不知道油水不相溶吗？水雾喷上去燃烧更烈、火焰更高，还伴有轻微的爆炸声，你不下令停止喷水，弄清情况，采取措施吗！

十三、火灾扑救初战指挥要点

消防部队的灭火战斗行动,是按照各级消防指挥员的命令进行的。消防部队的火灾扑救指挥,一般分为基层、中层和高层三个层次。不同的火灾等级、火灾态势和投入的灭火力量,由不同层次的指挥员来组织指挥灭火战斗行动;不同层次的指挥员,在指挥部队作战行动中的地位、作用和对指挥能力的要求也各不相同;每一个环节的行动效果,取决于指挥员的决策水平。

初战指挥员是指基层中队指挥员(包括队长助理)、先期到达火场的支(大)队战训参谋或战训科长,以及特勤消防中队长等。初战指挥员到达火场后,必须判明火场情况,抓住有利战机,准确投放兵力,若能战则速胜、若难战则控制,救人第一、科学施救。从我国消防部队的灭火实战指挥来看,胜仗打了不少,问题存在很多,而基层指挥明显是个薄弱环节,必须引起我们的充分注意,因此消防部队要认真研究基层指挥员火灾扑救的初战指挥问题。

1. 充分认识火灾扑救初战指挥的重要性

消防中队是消防部队面广量大的基本作战单位,初战指挥员的能力与水平,事关成千上万次初期火灾的扑救效果,事关每一起初期火灾是否会扩大蔓延,事关初期火灾是成功扑灭还是引起复杂的变数。

1.1 初战力量是重要的作战阵容

一个基层指挥员率领 3~5 辆、或 5~8 辆消防车到达火场,这是一个初战组合阵容,是一个有相当作战能力的团队,在作战环境较好的火场,可以出 6~8 支水枪,能控制 300 M² 左右的燃烧面积),指挥员的战训业务熟悉程度、灭火战术意识、个人专业素质,每一个战斗命令,决定着你能否带领这个团队打好初战,决定着能否取得较好的灭火作战效果。

1.2 基层指挥的比重极大

在消防部队扑救的所有火灾中,高层指挥员亲自指挥的火灾扑救往往只占 5%~10%,中层指挥员指挥扑救的火灾次数约占整个火灾的 15%~20%,而基层指挥员指挥扑救的火灾占到 75%左右,也就是说大部分火灾扑救,都由基层指挥员组织指挥。即使在高层和中层指挥员指挥扑救的重特大火场,基层指挥员也担任着某一阵地、某一部位的作战指挥。因此,从宏观的角度来讲,基层指挥员参与了所有的、百分之百的火灾扑救。

1.3　初战指挥能力极其重要

我们可以这样认为,大部分的火灾扑救都是通过初战指挥解决的;大部分灭火战斗行动都是由基层消防指挥员指挥处置的;初战指挥能力影响着 75％左右火灾扑救的全过程,影响着重特大火灾扑救的前期阶段;初战指挥水平,事关消防部队整个火灾扑救的效果,事关消防部队完成党和人民交给的光荣任务,事关消防部队的光辉形象。

2. 初战指挥作战任务十分艰巨

初战指挥虽然由基层指挥员担任,作战对象也只是初期火灾,但作战任务却十分艰巨,亟需指挥员具有火情判断准确、用兵善于兼顾、决策大胆果断的指挥素质。

2.1　果断抓住扑灭初起火灾的战机

作为第一出动力量,基层指挥员到达的火场,一般都是本辖区或第一增援地火灾,烟火刚起不久,燃烧还没有形成气候,建筑火灾不会有倒塌威胁,也不存在爆炸条件(家庭用液化石油气、煤气除外),起火以后,自动灭火系统如水喷淋等也有抑制火势的作用,群众义务消防队、单位专职消防队会在消防部队到达以前力所能及地扑救初起火势。消防部队率先到达火场的基层指挥员要注意抓住有利战机,组织力量及时把初起火势扑灭。

2.2　尽力疏散抢救被困人员

疏散抢救人员是初战指挥员的重要任务,实战已经证明,火场大部分被困人员都是在火灾初期疏散抢救出来的,时间一长,火场救人就非常困难。火灾刚起的时候,在外部能比较清楚地看到建筑的格局,火势的走向,人员被困的方位、地点;进入内部侦察、搜救人员也有机会。因此,火场疏散救人的重担基本上压到了初战指挥员的肩上。

2.3　堵控火势蔓延恶化

基层指挥员带领一个消防中队的兵力到达火场,并非面对的都是小火,或是一个中队的消防车能够对付的火势,那些发现晚、报警迟的火灾,一开始就呈现猛烈状态的可燃气体和液体火灾,可燃物多、跨度大的大型商场、仓库等火灾,以及发展蔓延迅猛的化工企业火灾等,面对熊熊烈火,一个消防中队的力量是绝对的弱势,要想全面控制、或扑灭火灾都是不可能的,这时初战指挥员的艰巨任务,就是要选准最关键的部位,即火势发展蔓延的主要方向、火势大面积扩展的必经部位,如火势向上发展的燃烧楼层的上部一、二层,燃烧堆垛下风方向的临近堆垛等部位实施堵截。

2.4　其他-可能要处置的情况

初战指挥员到达火场,除了正常的灭火、疏散抢救人员以外,还会有很多可能遇到的情况要妥善处理。如火势不大,但有人受伤需及时送往医院;现场有人呈死亡状,要视情判断是否死亡,决定有无必要送医院救治,或请公安法医前往鉴定;火灾原因需要勘察,要联系防火部门会同公安机关进行;还要安排现场保护和相关单位的现场监护,以及随时向上级首长和消防指挥中心汇报情况等。

3. 初战指挥出现的薄弱环节

尽管消防部队的中、高层指挥员在指挥灭火作战时也有不尽人意之处,但消防部队灭火作战指挥的薄弱环节还是在基层指挥员的初战指挥。

3.1 基层指挥员成分新、资历浅

普通消防中队普遍配备副营职主官的意向尚未实现,中队指挥员没有经过长期灭火作战的磨炼,缺乏实战指挥的经验。一般说来,一个防火监督员从院校毕业后3～5年就可以胜任自己的工作,而一个中队灭火指挥员往往需要更多岁月的锻炼、经过更多火场的捶打、闯过更多的浓烟火海,才能胜任灭火指挥员。在国外,一个消防站长,都是具有相当的资历,有相当的实战经验,经过考核筛选的老消防队员。在我国,中队指挥员成份新、资历浅的弱点非常明显,这与火灾对象的日益复杂形成鲜明的反差,在指挥上出现问题具有一定的必然性。

3.2 基层指挥员工作繁忙、缺乏对灭火战术理论的研究

消防中队管理任务重,工作头绪多,基层干部忙得不可开

交,连训练大纲要求保障的业务训练时间也经常被挤占,平时根本没有时间、也静不下心来研究灭火理论;基层指挥员中还有一部分人对消防战训工作不够热爱,心里想的是去机关、或搞防火工作,没有扎根中队指挥灭火的长期打算,平时也就不能用心研究灭火指挥理论。

3.3　基层指挥员地方大学生增多

消防部队招收地方大学生的举措,对部队干部队伍建设具有重要的促进作用,但这些大学生不像武警学院的学生那样几年学的是消防专业,他们经过短期的培训,直接到基层中队当灭火指挥员,尚缺乏灭火救援的理论学习与实战锻炼,有他们带领部队指挥灭火作战,确实是个问题,虽然设了队长助理,但助理并不能替代中队指挥,有些问题还需要进一步研究。

4.　初战指挥不力的基本原因

火灾扑救的实战告诉我们,凡是小火烧成大火的火灾扑救,往往都是初战失利造成的。

4.1　情况不明、盲目进攻

消防车到达火场后,指挥员对火情观察不细,没有发现潜在的燃烧发展趋势,似乎一目了然、火势明显,下车就干、见火就打,疏忽了火势蔓延的主要方向,没有实施及时的、必要的堵控。特别是与进攻的背火面毗连的部位,受高温烟气喷涌和燃烧碎片飘落的部位,有可能与闷顶、夹层、相邻建筑的连廊(堆放可燃物的)、存放物品的楼梯道有牵连的部位,以及通风管道、地沟或下水道(液体火灾)、电缆沟等比较隐蔽的部位没有引起指挥员的警惕查看与充分注意。

4.2　分兵出击、形不成重点部位的优势攻击

消防中队到达火场后,如果火势不大,指挥员会安排1～2支水枪打击火势,解决问题。而一旦火势扩大,火场要出几支水枪时,往往就不知道怎么布置,既怕火势向四面蔓延,又想要扑打熊熊燃烧的火焰,抓不住重点部位实施攻击。事实上,在燃烧面积比较大的火场,第一出动灭火力量的进攻部位只能在一个区域,就是火势蔓延的方位。要想在第二、第三个部位实施围控,也必须在主要方位堵住以后,才能逐步展开。

4.3　不敢深入内攻,高打高吊失去堵控良机

有很多火场,消防队到达火场时,只是建筑内有些烟雾冒出,或者只是二楼、三楼的一、两个房间在燃烧,但最后一幢楼房全部烧光,有的甚至是体量很大的建筑,也烧成一堆废墟。原因就是在开始没有深入内攻,只是部署水枪在地面向楼上射水,高打高吊,失去了内攻控制火势的机会。

4.4　机械运用战术原则,火势趁机发展蔓延

到达火场时,火势并不大,也没有查清是否有人要救,就大喊救人第一,组织力量冲进去救人,置控制火势于不顾,结果楼内真的是没有人要救,原本并不凶猛,可以堵住的火势却

乘机发展蔓延,待回过头来想堵截火势,已经是错过了时机,无能为力了。

4.5　环境险恶,经验不足

有一些重特大火灾,消防中队到场时已经成势,火光冲天、燃烧凶猛、环境险恶灾情严重。基层指挥员没有见过这么大的火灾,更没有指挥扑救这样凶猛复杂火灾的经验,往往是无从下手,匆忙应对,对于灭火指挥的要求,超出了基层指挥员的能力范围。

5. 初战指挥行动要点

初战指挥的作战行动要点,务必要立足于初战这一基点。初战有哪些特点? 初战往往是基层指挥员组织指挥一个中队的灭火作战,到场的消防车辆少,灭火力量比较薄弱;初战应对的火场,大部分火情比较小,但也有一小部分已经发展蔓延,甚至到了猛烈阶段;作战任务有时只是灭火,有时既要救人又要灭火,有时还要处置其他可能出现的问题,包括展开救援行动。根据上述情况,初战指挥员是否可以注重以下几个指挥要点。

5.1　坚持途中预谋活动

初战指挥员要珍惜闻警后前往火场的途中时间,根据报警的地点、单位,或火灾对象、可燃物的情况,大致判断火灾特点、火场情况及可能发生的问题。设想可能出现的几种火情,以及可以采取的应对措施。譬如,居民楼失火,如果火势不大,楼内有人要救,就排除战斗小组登楼作战,1~2 个组出水枪控制火势,1~2 个组在喷雾水枪开导下疏散抢救人员;如果浓烟封锁楼道,楼上有人要救,则应由攻坚组在水枪的掩护下突破烟区抢救人员;如果楼梯被火焰封住,楼上有人要救,就要及时利用消防梯从窗口、阳台处抢救人员等。途中预谋非常重要,因为指挥员到达火场后决策的时间都十分短暂,决策的质量也会受到影响,如果在途中对火情作了充分的预测,到达火场后只要证实是自己设想的那一种火情,便可以指挥部队从容不迫地展开灭火战斗行动。

5.2 准确获取火场信息

准确掌握火场信息,是为了根据火情有针对性地采取措施。当观察到火势刚开始扩大蔓延,就能确定堵截火势的有利位置;开始火场燃烧部位比较明确,就能及时确定灭火进攻的路线和方位,如从楼梯间向上攀登进攻,还是架设消防梯从阳台或窗户进攻;到达火场根据火情,基本能确定第一出动力量是否能够把火扑灭,或需要增援力量;因为烟火刚起不久,所以是疏散抢救人员的最好时间段,可以决定派出多少人员深入救人,通过什么途径、采用什么方法救人;因为燃烧时间不长,所以为冷却控制、抑制火势扩大提供了有利条件。值得注意的是,指挥员到达火场不要只看火势大小,切记燃烧的火焰只是一种现象,从火灾发展变化的规律来看,火场的潜在威胁往往在燃烧部位的四周。指挥员到火场一眼望过燃烧的火势以后,应立即注意观察可能受波及或影响的部位,如火势的下风方向、毗邻的建筑结构情况,燃烧房间的隔壁,邻近的堆垛,受火焰烘烤的桶、罐、装置设备及闷顶、夹层等有无异常迹象。只有在确定火源周围已无其他"牵连",到场力量已能够控制了整个局面时,指挥员才能全力组织到场力量扑灭火源。更重要的是,指挥员不能犯明显违反指挥原则或战斗行动要求的错误,也称为低级错误,如扑救油类火灾力量明显不足时擅自动手,深入火场不佩带防毒面具,火灾已经成势时去燃烧楼层搜救人员等。

5.3 合理投放作战兵力

基层指挥员带领几辆消防车到达火场,应该知道本中队的作战能力,在不同的火灾态势、作战环境和供水条件下,能分别出几支枪,能控制多大面积的火势,这在平时指挥员就应经常盘算、反复考虑。如果遇到单元式住宅楼火灾,或小饭店、小店铺、小汽车等起火,可立即展开把火扑灭;如见火势稍有扩大,则要确保后方可靠的供水,出几支水枪先予控制,然后组织扑灭火灾。当然,必须贯彻"救人第一"的指导思想,抓紧时机抢救人员。关于火场救人的兵力使用,基本原则没有变:火场救人任务重时,以救人为主;救人任务不是很重时,救人灭火兼顾;随着救人任务的完成,把兵力转移到扑救火灾上来。对于火场抢救出来的人员,在救护车没有到场时,应及时用消防车把被救人员送往医院。当火场急需堵控火势,又有人员要疏散抢救,作战任务比较重时,要合理调派中队作战力量,充分发挥中队的整体合力,一般以作战小组为单元,中队干部和队长助理分头负责,抓住重点,全面兼顾。当辖区中队到场时火势已呈猛烈状态时,初战力量处于绝对弱势,到场力量就不能轻易地分兵出击,到处去打击火势,到处想控制蔓延,而要集中全部作战力量,抢占堵截火势的关键阵地,寻找抢救人员生命的有效途径,控制减少火灾危害的重要部位,形成险恶环境中的局部优势。

5.4　及时把握内攻时机

　　消防中队到达火场后,基层指挥员要坚定不移的组织力量深入内攻,初战指挥是实施内攻的最好时间段,千万不要失去难得的机会。特别是二、三层楼起火,不要以为火点在水枪的射程之内,就布置水枪在地面射水进攻,战例一再证明,这样的小楼房也会全部烧光。应该是只要有机会、就要进入到燃烧点附近组织进攻,与火势近距离、面对面实施打击,这与在外部射水进攻效果是完全不同的,只要在内部站住脚跟,水枪的威力能发挥意想不到的效果。在灭火战术中,经常强调内外结合,但在结合的前提下,必须以内攻为主。外攻只是压制性、掩护性、辅助性进攻,解决战斗还得靠内攻的作用。在火场,无论是疏散救人还是控制火势,初战指挥员都要根据火势的情况而定,只要没有烧成冲天大火,只要火场能够深入行动,就要毫不犹豫地布置兵力强攻近战。

5.5　随时判断潜在威胁

　　消防官兵在灭火战斗行动中的安全责任,身系火场消防指挥员,在指挥火灾扑救的同时,随时注意判断潜在的威胁,就能避免不必要的伤亡。初战指挥员带领部队到达火场,往往是打遭遇战,虽然能看到一些火情,有些潜在的东西不一定清楚,很多实例,或者说很多教训告诉我们,有些火场看起来很正常,但行动展开时冷不防冒出个什么意外情况,造成了消防官兵的伤亡。所以初战指挥员在火场要仔细观察、冷静判断、预防不测。例如,家庭液化气、煤气泄露,开门处置前必须先喷射水雾,罩住泄露气源;从居民家中拖出来的起火液化石油气气钢瓶,往往横卧在地上燃烧,五分钟左右会爆炸,必须结合消防队的到场时间,引起充分注意;处于熊熊火焰中的简易结构容易倒塌,钢结构厂房、库房起火后 15 分钟失去强度,这一点不容置疑;木结构建筑柱梁细小仍会倒塌,柱梁粗壮,可放心进入内部扑救;化工火灾迹象表现比较明显,可以把握规律,一般说来,可燃气体泄露,没有见火、没有爆炸之前是最危险的阶段,灾难随时都会发生,不能轻易深入,应先在上(侧)风方向停下,查明情况再行处置;化工装置起火后,一般这一个装置就不会爆炸,但相邻的装置受烘烤会出问题;开口燃烧的油罐不会爆炸,但灌顶没有完全掀开、存有死角时会爆轰;危险品处置场所,见空气中飘浮有颜色的雾气,就要立即强化个人防护,并马上实施检测;氯气泄露现场,必须佩带正压式防毒面具;遇有氨气泄露,不能麻痹大意,要防爆、防毒,保护皮肤外露部分,尤其是眼睛不受侵害。象这样的问题,还有很多很多,初战指挥员要多学习了解,多掌握这些规律,以有效预防潜在威胁。防止潜在威胁的另一个方面,就是要注意作战行动的周边环境。消防部队展开灭火救援行动与周边的环境因素关系十分紧密,初战指挥员要注意环境因素对灭火救援行动的影响。一是要注意作战阵地的安全性。例如扑救楼房火灾,燃烧时间长了,要注意对起火楼层下部窄小街巷的作战力量进行调整,这些地方没有退路,一旦上部楼房整体倒塌、局部倒塌或建筑构件坠落,都能发生难以预料的后果。二是要考虑气象因素对灭火救援行动的影响。如台风袭击造成建筑倒塌,消防队赶到现场,只要大风还没有停止,部分建筑或构件还摇摇欲坠,就不能盲目深入救人,一定要先消除危险的建筑残留物,确保救援人员安全的前提下,才能展开救援行动。三是要针对灾害特点因素所需的要求。如水域救生,与陆地救援有很大的区别,务必要挑选水性好人员,尽量少穿衣服而穿着救生衣,不能轻易栓挂安全绳,万一翻船落水都无法逃生。四是要考虑地形条件对灭火工作的影响。在扑救可燃液体(罐、池)火灾时,地形落差较大时,要充分考虑车辆装备和作战官兵的行动安全,要在高处部署阵地;处于低处作战的车辆,要调头停靠在便于撤退的道路上,或使用双头消防车。五是部署水枪阵地,务必考虑安全条件,特别要注意水枪阵地不能设在"三个上面",即草苇堆垛,轻质屋顶和遮阳棚、雨搭上面;也不宜单独深入某些火场内部,深入内部设水枪阵地,必须慎重,必须具备基本条件;大跨度钢架结构厂房或库房,一定要先冷却结构,使之稳定,或上部排烟窗已开启,排除烟热,不会发生倒塌的前提下,才能深入内部设水枪阵地。环境因素的影响很多,初战指挥员要认真学习、借鉴经验教训,到火场一看就能反应过来,正确作出部署。

5.6　协调配合前后兼顾

初战指挥员带领一个消防中队到达火场后,起码要把一个中队的作战车辆摆布开来,充分发挥基层中队的作战能力,体现出最大的作战效能。要养成按灭火预案或熟悉的道路水源停靠作战位置,在水源条件正常的情况下,能出 4～6 支枪,而不能出现已经到火场,几辆车仍然紧跟着往里面闯,结果几辆车一条龙停靠,每车一盘水带供前车,水枪数量受到限制,作战功能受到影响,还因为车辆扎堆而妨碍下一步的战术部署调整。几名中队指挥员要有默契的明确分工,谁在前方负责作战指挥,谁在后方负责供水,谁专门分工战勤保障,不能一到火场都往前方跑,没有人管后方供水,没有可靠的持续供水,前方就没有战斗力,也无法把火扑灭。

十四、消防铁军攻坚组
建设、训练与作战

　　面对日益艰巨繁重的灭火救援任务,为了提高消防部队灭火救援能力,公安部消防局要求全国消防部队开展打造消防铁军、建设灭火救援攻坚组的活动,并在沈阳召开了"公安消防部队打造公安消防铁军暨灭火救援攻坚组建设现场会"。这是消防部队践行科学发展观,创新改革消防战训工作的一件大事;是灭火救援战斗行动和灭火战术思想的跨越性突破发展;是遵循"救人第一、科学施救"的灭火救援指导思想,贯彻"突破、排烟、破拆、封堵"等灭火战术方法的重要举措;是消防部队克服灭火救援教学训练中的薄弱环节,强化消防部队教学训练的针对性、应用性、模拟性、实战性有效手段;对于促进消防部队坚持"练为战"的练兵原则,提高消防部队在复杂条件下的灭火救援作战能力,具有无比重要的作用。

1. 攻坚组建设的重要作用

　　各级党委、政府充分重视消防工作,强化了城市公共消防设施、包括强化消防站的建设,按消防站建设标准配强了消防器材装备;公安消防部队加强了特勤队伍建设,改革创新消防战训业务教学训练方法,消防部队灭火救援能力得以有效提高。在 2008 年汶川大地震的抢险救援中,参战的消防部队从坍塌建筑废墟中搜救出 8 100 人,其中生还 1 701 人,转移解救被困群众 51 730 人,医疗救助 13 109 人。消防部队参战人数不到军警投入救援力量总数的 10%,但搜救出 26% 的生还者。多年来,消防部队成功扑救了无数起重大复杂火灾,抢救了成千上万个人民群众的生命,有效控制了火灾的损失。然而,消防部队承担的灭火救援任务越来越艰巨,队伍的作战能力与担负的任务还有很多不相适应的地方,因此加强攻坚组队伍的建设显得非常重要和必要。

1.1 加强攻坚队伍建设,承担光荣艰巨的历史使命

《中华人民共和国消防法》赋予了公安消防部队灭火救援的神圣职能,在《国务院关于进一步加强消防工作的意见》中,明确了公安消防队除完成火灾扑救任务外要积极参加的各种灾害、事故和事件的应急救援任务。铸造铁军、强化攻坚组建设,是消防部队更好地承担繁重的灭火救援任务的需要;是消防部队应顺经济社会发展的时代脉搏、努力促进灭火救援能力与肩负的任务相适应,以不辜负党和人民的殷切希望的重要举措。

1.2 加强攻坚队伍建设,促进消防战训工作发展

铸造铁军、强化攻坚队伍建设,是有效地改善消防战训工

作的现状,进一步提高灭火救援能力的需要。我们必须清醒地意识到,消防部队处置重大灾害事故的经验还不丰富,救援效果没有达到最优值;在重大火灾扑救中,克服浓烟高温深入内攻的能力、包括五层以下楼层搜救人员的能力,以及处置突发险情的能力还有很大的差距,开展"打铁"和"攻坚"活动对于改善和促进消防战训工作,提高消防官兵深入烟雾区域搜救人员能力的必由之路。

1.3 加强攻坚队伍建设,铸造战无不胜的消防铁军

按照铁军的建设标准,加强消防攻坚组的教育训练,把消防部队锤炼成百战百胜的的队伍,消防官兵按照"三句话"的总要求,成为政治合格、听党指挥、忠于人民、热爱消防献身事业;纪律严明、管理严格、令行禁止、遵纪守法、正气凛然;作风顽强、不畏艰险、坚忍不拔、恶劣环境适应生存;科技领先、网络畅通、人才配套、作战指挥灵敏有效;技术熟练、业务精通、措施有力、攻坚克难强势出击;训练有素、体魄强健、通晓装备、作战能力超常发挥;装备精良、配备达标、保障充足、技术装备保持强势的优秀群体。总之,这是一支特别能战斗的队伍,是配有特殊的装备,进行特殊的训练,执行特殊的任务,具有特殊的作战能力的灭火救援突击队。

1.4 加强攻坚队伍建设,发挥攻坚克难作用

攻坚,顾名思义,攻就是内攻、强攻、攻克、排除,坚就是困难、威胁、障碍、险情。也就是说,当灭火救援中遇到急难险情、灭火战斗行动受到障阻、常规战术措施运用受到挫折时,

消防攻坚组临危受命、挺身而出、使用特殊的装备,采取特殊的方法,通过特殊的作战行动,完成攻坚克难的作战任务。在复杂的灭火救援战斗中,遇有重大的难题险情,消防队伍不会出现一筹莫展的被动状态。有了训练有素的攻坚组,就有了一支克服艰难险阻的突击队,就能大大加强消防部队扑救重特大火灾的能力。

2. 攻坚组建设的部门职能

铸造铁军、强化灭火救援攻坚能力,是消防部队长期建设的一件大事,是消防部队提高灭火救援作战能力,践行"保卫经济建设、服务人民群众"理念的出发点和立足点。这项活动决不是短期行为,更不是司令部一个部门的职能、或是那一个部门能够单独完成的任务,而必须是部消防局、总队、支队、大队和中队从上到下同心协力,司、政、后、防各个部门齐抓共管才能实现的目标。

2.1 思想政治建设

要营造浓厚的铸造消防铁军的政治氛围,明确强化消防部队灭火救援攻坚能力的重大意义,形成"使命神圣、任务艰巨、荣辱与此相连、争当精兵强将"的思想共识。

2.1.1 进行革命英雄主义教育。要教育消防官兵在灭火救援中发扬敢打必胜的革命英雄主义精神,在科学指挥的前提下、在采取有效的战术、技术措施的基础上,敢于冲击、敢于内攻、敢于突破、敢于深入,培育烈火辉映的战斗精神,铸造经得起艰难险阻考验的铁军部队。

2.1.2　选拔、激励攻坚队员。政治部门要与司令部协力考察、培养、选拔消防攻坚组队员，包括培养优秀的攻坚指挥员。对于在训练、执勤及灭火救援中刻苦努力、作出贡献的攻坚队员，在入党、入团，记功、嘉奖，士官选拔晋级、战士入学提干等方面予于倾斜，适时表彰激励。

2.1.3　保留战训队伍业务骨干。消防是一门边缘科学，消防指挥员的灭火救援指挥能力，以及部队业务骨干的技术操作能力，对于消防部队在灭火救援中及时抢救人命、快速扑灭火灾、有效处置灾害事故起着十分重要的作用。要关注消防干部业务指挥能力的提高，保留消防战训业务技术骨干，按比例配备战训干部灭火救援技术职务，保证每个消防中队配有1～2名灭火救援技术工程师、每个消防支队配有2～3名灭火救援技术高级工程师。

2.2　强化管理训练

要把灭火救援攻坚组的建设纳入基层消防中队正规化编制序列，进一步加强消防部队灭火救援专业性教学训练，使铸造铁军、强化攻坚的活动真正落到实处。

2.2.1　理顺编制、加强管理。攻坚组是担任灭火救援攻坚任务时的一个临时性作战小分队名称，可以统称为"公安消防部队灭火救援攻坚组"，具体分为"灭火作战攻坚组"和"抢险救援攻坚组"。多年来，部消防局要求普通消防中队应建有专勤班（专勤班在人员体能、技能、综合素质和器材装备上均有优势），所以，可以把攻坚组纳入专勤班统一管理，也可以称为攻坚班。原则上每个普通消防中队组建1～2个灭火作战攻坚组,消防特勤中队作战任务重、专业分工复杂,可以组建2～3个抢险救援攻坚组。

2.2.2 狠抓基础训练。攻坚组的作战行动,必须依赖良好的身体素质、意志品质和有效的技术手段才能顺利展开。因此务必加大力度、紧密联系实际、针对实战难题、科学制定训练计划,狠抓官兵的业务理论学习,强化体能、技能、智能和心理行为训练,确实打好基础、增强内功,以适应攻坚行动的实战需要。

2.2.3 强化适应性训练。要结合攻坚组纵深作战的恶劣环境,积极展开应用性训练、模拟训练和实战演练。经常组织特殊对象、特殊场地、特殊环境、特殊作业的专业训练,使攻坚组队员练成一身真功夫、硬本领,在灭火救援中成为名副其实的"拳头"和"尖刀"。

2.3 保障器材装备

消防部队要坚定不移的谋求消防技术装备的优势,根据攻坚行动的需求配备强弓和利器,为消防攻坚组的作战行动提供坚实的器材装备保障。

2.3.1 继续配强城市消防站装备。要进一步加强城市消防站车辆装备的配备,使普通消防站装备水平向特勤消防站装备靠拢。因为在重大复杂的火场,只有火场整体进攻兵力强势,才能为深入作战的攻坚组安全可靠地展开行动提供保障。

2.3.2 完善战勤保障机制。在不断完善的战勤保障机制中,必须充分考虑攻坚组行动可持续作战的战勤保障需求。要从攻坚组行动的主要任务、主要困难、主要障碍和主要需求来研究装备配备,增强针对性、确保攻坚行动的需求、实用、有效。

2.3.3　创新装备配备模式。要用超常规的思路考虑攻坚组的装备配备,改变传统的思维模式,突破消防已有的装备圈子,大胆引用军队和社会的先进技术和科研成果,积极采用配备新装备和研制新装备相结合的方法强化攻坚组装备的配备,从根本上提高攻坚组的作战能力。

2.4　深化防消结合

要从防消结合的理念上为攻坚组的作战行动提供必备的配套知识和操作技能。

2.4.1　了解固定消防设施。消防部队在灭火战斗中必须遵循的战术原则之一就是"固移结合",因此防火部门要向攻坚组成员提供和详尽地介绍固定消防设施的技术规范、设备标准、设置规律、功能特性和操作要求,使攻坚组队员熟悉、了解固定消防设施,在攻坚行动中准确有效地使用,以利于固定消防设施发挥应有的作用。

2.4.2　了解疏散救人通道。要让攻坚组队员熟悉、掌握用于救人和灭火进攻的各种通道,包括消防电梯、消防疏散电梯(有条件的使用普通电梯),室内疏散楼梯、室外疏散楼梯,以及避难层,应急广播、应急照明、应急疏散指示标志等。消防攻坚组经常会在特殊复杂情况下担任疏散和抢救人员的任务,经常会使用这些途径和应急装备,只有对疏散救人通道非常了解、非常熟悉、非常适应,才能使攻坚组战斗展开目标准确、途径顺畅、行动快捷。

2.4.3　了解其他消防设备。防火门、防火卷帘、挡烟垂壁在火灾初期能抵御和延缓火势的发展,又与灭火战斗中作为水枪阵地的设置屏障,或按区域控制火势有密切关系;通风排烟系统与消防攻坚组深入浓烟环境、减缓浓烟高温侵袭有着紧密的联系;攻坚组队员认真学习、了解各种建筑防火设备的功能特性和应用要求,将对深入建筑火场展开攻坚行动提供非常有益的帮助。

3. 消防攻坚组行动的艰难程度

消防攻坚组的作战行动,是消防部队在灭火救援中遇到急难险情、灭火战斗行动受到挫折的情况下,消防攻坚组临危受命、遇险而上,深入恶劣环境,完成攻坚克难的作战任务,其艰难程度可想而知。

3.1　从作战任务看攻坚行动的艰巨性

攻坚组承担的攻坚任务,是在一般的灭火战斗行动无法解决问题,或先期的救援行动没有起到预期效果的情况下采取的特别行动,是专门"啃硬骨头"而承担的具有一定风险度的作战任务。

3.1.1　灭火作战攻坚任务。主要承担以救人灭火为主要目标的建筑火灾纵深内攻任务,包括平面大空间、大跨度、大面积建筑火灾内攻;多层建筑救人灭火、地下建筑深入内攻;高层建筑和超高层建筑疏散抢救人员和堵截火势;人员聚集场所、大型商场、影剧院等场所的内攻救人灭火;深入危险化学品仓库火场抢救人员、转移或处置将发生重大险情的危险物品;在扑救化工企业火灾中担任关键的作战部位、重大的险情所在的特殊战斗等行动。

3.1.2　抢险救援攻坚任务。主要承担危险化学品泄露事故中心区域的处置工作;建筑倒塌事故(含地震)、车辆交通事故(含飞机、船舶、列车等)处置中特困环境和难题部位的操作行动;当然也包括水域(含洪涝灾害)、山岳(含泥石流)、地铁、核化等事故处置中最重要、最关键、最危险作战任务的攻坚行动。

3.2　从作战要求看攻坚行动的艰巨性

作为对消防攻坚组的高标准期望,消防部队对攻坚组的作战行动提出了"纵深一百米,坚持一小时"的总要求。这是一个标准很高的作战要求,因为在以往消防队伍的作战行动中,在浓烟高温的条件下,攻上一个楼层(沿楼梯距离大约5米)都十分艰难,而要达到上述要求,攻坚组行动的难度之大可想而知。

3.2.1　必须突破浓烟高温封锁。火灾现场往往是燃烧猛烈、浓烟喷涌、高温烘烤,消防攻坚组深入建筑内部抢救人命、消灭火源,要突破的第一道难关,就是浓烟高温的严峻考验。况且需要攻坚组前往作战的区域都是"白热化"的场所,浓烟的喷涌翻滚、高温的灼热烘烤,必然成为攻坚行动的最大障碍。

3.2.2 必须长距离纵深行动。在浓烟充斥的火场,视觉往往伸手不见五指,前进 10 米就是一个不短的距离。纵深一百米,就意味着攻坚组纵深行动有很长的路要走,既要艰难地深入,又要艰难地返回,行走在纵深的烟雾区域,真是标准的"盲目"行动,进去出来均潜伏着险情的无限变数。

3.2.3 必须长时间身居险境。攻坚组展开行动的火场环境,是非人类正常停留的区域。在这样的环境里坚持一小时,确实是艰难到悲壮程度的作战任务。而且,这一小时不是在火场边缘行动、不是短距离的深入、不是基本的静止不动,而是要长距离地纵深推进,长时间地身处难以忍受的困境之中,还要担任各项艰巨的作战任务。

3.3 从纵深距离看攻坚行动的艰巨性

在田径场上,一百米瞬间就跑完,而"纵深一百米"在火场的距离是个什么概念,百米的推进能到达什么部位,这样的深入会遇到哪些问题,我们可以作些分析,以了解攻坚行动的艰巨性。

3.3.1 深入地下建筑。以地铁车站为例,从地面出入口处经过地下负一层站厅,再到达地下负二层站台的距离大约在 95~180 米之间,"纵深一百米",就意味着遇有地铁火灾时,攻坚组要从地面的出入口深入到负二层的地铁站台展开救人灭火行动。

3.3.2 深入多层建筑。扑救多层建筑火灾,如居民七八层楼高的住宅楼,攻坚组展开救人灭火行动应该覆盖所有楼层。在以往的灭火战例中,消防队伍到达火场后,用消防梯在二楼、三楼的窗户、阳台救下过不少群众,但内攻突破浓烟搜救人员的能力还相当薄弱,在建筑四楼、三楼,甚至二楼的门厅、走廊会有一些被烟雾熏到死亡的人员。纵深一百米,就意味着即使是多层建筑的七层(垂直高度约 22 米、延梯距离约 45 米),攻坚组队员也应该有深入内部搜救人员的能力。

3.3.3　深入商场、市场和大跨度厂房。这些建筑具有建筑跨度大、平面进深宽的特点,要按照"纵深一百米"的要求,攻坚组的作战行动大致会跨越中心地带。这是一种深入特殊建筑火场腹地的作战行动,在火灾情况下建筑倒塌的因素十分复杂,行动的风险很大,要进入大跨度建筑的中心地带展开行动,必须要考虑能满足一定的前提条件时,才能向纵深推进。

3.3.4　深入高层建筑。扑救高层建筑火灾从下向上部组织进攻,按照"纵深一百米"的进攻能力,攻坚组乘坐消防电梯可抵达高层建筑顶部,也就是超高层建筑的临界线;沿楼梯往上部进攻,可以超过所有高层建筑的一半高度。扑救高层建筑火灾从上部往下进攻。如果是百米以内的高层建筑,攻坚组从上部进入(消防举高车投送),往下运动可以在楼层的一大半范围内展开作战行动,开启室内消火栓射水控制火势,或将需要救助的人员转移至屋顶待救;如果是超高层建筑发生火灾,攻坚组从上部进入(直升机投送),则 200 米左右的建筑可以抵达三分之一的部位救人灭火。这些距离在火灾情况下,其行动都十分艰难。

4. 攻坚组训练重点

消防攻坚组队员必须具有强健的身体素质、过硬的救人灭火技能和良好的心理状态。必须强化《训练大纲》所规定的相关训练项目，根据"面向火场、练为战"的原则和"按作战的方式训练"的要求，重点加强浓烟高温环境下行动的能力，包括深入烟雾区、实施有效排烟、适时驱散浓烟，以及在烟雾区侦察火源、搜救人员，在浓烟条件下破拆障碍、识别途径和协调联络，在浓烟条件下熟练使用器材装备，以及具有在浓烟条件下持久行动的能力等。只有使浓烟区域行动的能力有突破性进展，才有可能实现"纵深一百米、坚持一小时"的攻坚目标。

4.1 具备基本素质

身体素质和心理素质是消防攻坚组队员必备的基本素质，是攻坚队员完成各类艰巨任务的基础，在每一次攻坚行动中起着举足轻重的作用。

4.1.1 强健的身体素质。健康的体魄、充沛的体力、优良的体质，是攻坚组队员通过训练必须达到的基本目标。因为攻坚组在展开行动时，其单兵负荷会远远超过常规火灾扑救时消防队员的单兵荷载，如远距离纵深时，必须佩带双瓶空气呼吸器，还要携带照明、排烟、救生、破拆、侦检等器材装备；佩戴空气呼吸在浓烟、高温、黑暗中行动，体力消耗很大；且在超重负荷的情况下，实施救人、射水、破拆等行动，或负重登高、远距离铺设拖拉充满水流的水带、以及抬送移动水力排烟机等，都是在艰难困苦条件下超强度的体力劳动。

4.1.2 顽强的意志品德。良好的心理素质同样是完成攻坚任务的必备条件。强化心理训练对攻坚队员来说非常重要，因为需要攻坚的任务都是常规灭火作战行动难以解决的问题，对于完成任务的危险程度、纵深行动的艰难程度、是否存在不可预见的险情因素，都难以完全查明，往往凭较为模糊的侦察素材，对内部情况作大致的判断。而攻坚行动中浓烟、高温、噪音、视线不清、方向不明，以及所见的人员死伤、建筑倒塌等恐怖情景对攻坚队员的险情刺激很大。尤其是攻坚组的纵深行动经常会遇到难以想象的恶劣环境和艰难程度，如在超高层建筑中堵截凶猛发展的火势，在地狱般的地下迷宫中展开行动，以及险情突然变化、局部建筑突然倾倒、攻坚组队员突然离散等，都将对攻坚组队员意志品质、心理素质上形成严峻的考验。

4.2 练熟基本技能

熟练的基本技能与攻坚组的纵深行动有着十分密切的关系，技能操作的熟练程度不仅关系着攻坚行动的速度和效率，还关系着攻坚组队员的人身安全和攻坚任务的完成。基本技能包括相关器材装备的操作使用、火场救人和医疗急救技术、以及紧急避险和险境自救能力等。作为一个消防攻坚队员，对上述所说的基本技能，不能是一般的训练、一般的操作、一般的掌握，而应该是非常熟练，对于每个操作环节清清楚楚、应用得心应手，甚至对于一些器材在烟雾区域视线不清的情况下也能熟练的连接或分离、能有效地操作使用。

4.2.1　熟练应用个人防护装备。要熟悉各种防护服装的适应场所,能熟练地穿着、脱卸各类防护服装;要非常熟悉防毒面具使用前的检查程序与要求,能熟练地操作应用单瓶、双瓶式空气呼吸器及移动供气源;并熟悉掌握消防呼救器、自救安全绳等防护器材的操作应用要求。

4.2.2　熟练掌握射水灭火器材。各类手持水枪(如多功能水枪、细水雾喷枪、高压水射流水枪等),各种移动或固定式水枪、水炮(如带架水枪、移动水炮等)的操作方法与要求;包括水带线路器材及其附件,如各种接口、分水器与集水器、异型接口和异经接口等,保证在浓烟区域行动时也能操作顺畅、熟练、不出差错。

4.2.3　熟练操作固定消防设施。能熟练地操作室内消火栓及其附件,远程水泵启动按钮,准确无误地使用水泵结合器给建筑管网供水;熟悉防火门、防火卷帘的作用和启闭要求;掌握消防电梯、疏散楼梯、建筑避难层和直升机停机坪的设置规定和使用注意事项;还要了解建筑防排烟系统的设置要求和应用须知,以及建筑自然排烟能够采用的方法等。

4.2.4　熟练使用其他所需器材。包括某些场所需要使用的探测仪器(如火源探测仪、可燃气体探测仪、有毒气体探测仪等);为了开辟进攻通道、克服前进障碍、破拆建筑结构所需使用的相关破拆工具;以及通信器材、救生和医疗急救器材、照明器材、排烟器材和小分队担任化学灾害事故处置时使用的堵漏器材等。

4.3　适应基本环境

　　攻坚组展开攻坚行动的最大困难就是带有高温的烟气，即使是展开人员搜救、克服障碍，也是在深入烟雾区域以后进行的行动。因此，适应烟雾环境是攻坚组最重要、最基本的训练科目。可以说，在烟雾区域的行动能力越强，攻坚纵深的距离就越远。

　　4.3.1　适应烟雾充斥环境。要使攻坚组队员非常适应烟雾区域的作战行动，这种能力必须通过佩戴防毒面具在浓烟区域反复训练取得。在火灾初期一般性的烟雾扩散阶段，攻坚组能够轻易进出、行动自如，迅速完成人员搜救等攻坚任务；在烟雾较浓的区域，能够在喷雾水枪的开导或掩护下，使用移动式强光照明工具，摸索前进，到达指定位置；在烟雾非常浓烈、能见度很弱的环境下，能够采用机械排烟的方法，或采用上部开口自然排烟、下部喷雾水枪喷顶排烟的措施，同时施放发光安全绳，逐步靠近预定目标，实施攻坚行动。所有这些，都需要攻坚组队员具有连续佩戴一小时以上的防毒面具、在烟雾区域连续坚持一小时以上的适应能力。

　　4.3.2　适应火焰烘烤环境。攻坚组纵深作战寻找并消灭火源，或为了抢救人命而消除火势的威胁，会近距离与火焰较量，在打击火势的同时受到火焰的强烈烘烤。也就是说，在消防部队的攻坚行动中，高温烘烤与浓烈的烟雾一样，是主要的、必须适应的环境因素。攻坚组队员必须在燃烧室进行近距离打击火势的训练，当燃烧室油柜点燃以后，浓烟滚滚、烈焰熊熊、高温烘烤，很有难以忍受的感觉。在这样的环境里，手持喷雾水枪，与凶猛的火势作长时间反复较量，直至将火扑灭。这样的训练课目，能有效提高攻坚队员在高温烟气中抵近作战、扑灭火源的能力。

4.3.3　适应纵深行动环境。攻坚组突破浓烟封锁展开的纵深行动，除了强攻近战扑灭火源以外，还要实施抢救人命、破除障碍、遇险自救等行动。攻坚组要强化纵深行动的适应性训练，要组织被困人员所处位置不明而深入实施人员搜救的训练，明确在烟雾区域搜救人员的方法、要求与注意事项；要进行被困人员所处位置清楚，但受到烟火围困时的强攻救人训练，掌握强攻救人可采用的战、技术措施；要开展烟雾区域内常见障碍的破拆训练，特别要熟练门窗、删栏、卷帘、隔墙、楼板、闷顶等部位的破拆技术；还要进行遇有险情时的避险、自救技能训练，使攻坚队员在身处险境时能科学合理地躲避险情，紧急情况下能沉着自救。

5. 攻坚组装备配备

消防部队配备有烟雾条件下救人灭火的常规装备，还配有个人防护、救生、排烟、照明、破拆等特勤器材，但是尚不能满足消防攻坚组作战行动的需求。如何强化消防攻坚组的装备配备，已成为消防部队领导、消防科研部门及广大消防官兵共同思考的问题，因为这毕竟是消防攻坚组能够纵深行动、并能完成使命的基本保障。

5.1　围绕实战需求配备装备

前面我们已经说过,攻坚组纵深内攻的主要障碍和难题是浓烟、高温,这是攻坚组队员展开行动时视线不清、方向不明、举步维艰、难以纵深、无法久留的主要因素。所以,攻坚组的装备配备,必须紧紧扣住以克服浓烟、高温的影响为前提,纵深完成救人与灭火任务,以及必要时实施自救脱离险境的基本需求。

5.1.1　防护是攻坚的基本前提。火场必然充斥烟雾,何况是需要攻坚的内部区域。以前消防部队也配备有空气呼吸器等防毒面具,但有的使用时间不能满足需求,有的产品质量难以得到保障,也就是说难以达到攻坚行动的防护要求。所以,要彻底解决防毒面具使用保障方面存在的各种问题,进一步强化防毒面具的质量与使用功能;掌握使用技巧,延长使用时间,必要时使用双瓶空气呼吸器,确保整个攻坚行动的充足供气;要严格空气呼吸器的使用前检查,熟练空气呼吸器的操作技能,避免攻坚行动中空气呼吸器在机械或操作上出现问题;在攻坚队员佩带的个人装备中,尽可能携带一个简易防毒面具或小型气瓶,以便在空气呼吸器储气基本耗损的情况下顺利返回安全地带。当然,攻坚组防护的内容还有很多,包括抵近火源打击火势时要穿戴隔热服,氨气泄露或燃烧场所要穿着厚棉衣裤,危险品泄露场所要穿防化服,核物质泄露时要穿防核服,也包括火场攻坚行动时对手、足等部位的针对性保护等。

5.1.2　深入是攻坚的必然途径。要完成攻坚的任务,必须要有深入这一行动过程,也就是进入高温浓烟区域。深入,是攻坚行动的必然途径,只有深入进去,才能展开行动。然而,深入并不是轻而易举的事,要通过艰巨的努力,运用有效的战技术措施,兼以发挥相关器材装备的作用,才能到达一定的攻坚深度。攻坚组的深入行动,在防护到位的前提下,要不失时机地使用多功能水枪、细水雾喷枪或高压强水流掩护或开导,以降低深入途中的温度,驱赶烟雾并吸附烟雾尘粒,改善深入途中的环境;烟雾浓烈且条件许可时,应使用各种有效装备,展开排烟送风,以降低烟雾浓度,增加能见度;在烟雾浓烈视线不清且又无法排烟的情况下,除了利用水雾掩护开导以外,要铺设带有闪光显示的安全绳等指示标志,以保持攻坚组队员有共同的深入目标和安全返回;在攻坚组深入时,要使用最先进的通信器材,保持清晰畅通的现场联络,及时给指挥员反馈深入的行动情况。

5.1.3 展开是攻坚的最终目的。攻坚组到达预定目标展开行动,才是纵深攻坚的最终目的。这种行动事关火场的主要矛盾,成败与否十分重要。而行动的操作十分艰难、复杂,涉及到使用各种有效的器材装备。如攻坚组的任务是搜救人员时,就要使用各种救人器材;遇有障碍时,要使用相应的破拆工具;寻找火源,要使用火源探测仪;打击火源,要操作相关的水带线路器材和喷射水流的枪炮等;扑救建筑火灾,有时会操作建筑固定消防设施,或操作移动排烟设备,甚至操作排烟机器人等;扑救化工火灾攻坚时,还要操作相应的探测仪和堵漏器具等。

5.2　运用超常思路配备装备

攻坚组的装备配备,要坚持实战、实用和完成攻坚任务需求的原则。不以花钱多少论强弱,而要坚持科学发展观,以超常规的思路来考虑符合实战的装备配备。

5.2.1　强化单兵配置,增强作战能力。要借鉴军队特种兵单兵装备的配置思路来考虑消防攻坚组单兵装备配备。攻坚组队员至所以需要有强壮的体质,除了火场纵深作战环境恶劣、任务艰巨消耗体能很大以外,就是攻坚组队员的单兵配置要比常规作战时多,单兵装备的负重会增加。为了要确保攻坚行动的必要时间和攻坚队员安全的万无一失,除了配备双瓶空气呼吸器以外,还要佩戴一小瓶可以在紧急情况下打开使用的小型呼吸器(关键的时候可以打开送往封闭区域因窒息而临近死亡的人员旁边),以及通用型过滤面具(关键的时候可以用作紧急撤离烟区,也可以给被救群众使用);使用多功能水枪并携带细水雾水枪,在局部空间能发挥作用的消烟剂、冷却剂,以及可供被救者使用的湿毛巾、湿口罩等;小型热视仪、小型强力破拆器,强光照明工具、通信器材、呼救器,以及在关键时刻能够使自己脱离险境的具有特种功能的器材装备等。总之,攻坚队员的特殊作战能力是与之配备携带的特殊装备有密切的关系。当然,攻坚队员的单兵装备不一定按一个模式配置,可以按照每个队员担负的任务分别携带。

5.2.2　购置与研发相结合,强化装备功能。现在消防部队配备的一些装备,包括特勤装备,品种多、质量好、价位高,但并不一定能很贴切地适用于火场的某些场所,所以,消防部队需要围绕攻坚任务的特定需求,研发攻坚组能使用的特殊装备。例如,有时火场的烟雾温度很高,穿着普通作战防护服感到灼热难忍,而隔热服能有效抵御热辐射,但服装笨重,穿着后难以展开攻坚行动,所以需要研发一种既有隔热服功能又有常规作战服轻便柔软性能的战斗服,便于攻坚组在高温浓烟中展开行动。再如,消防员常规个人防护装备之一的消防员呼救器,攻坚队员深入火场内部纵深作战时,由于环境复杂多变、噪音源众多和周边建筑阻隔,报警信息传输的距离非常有限。常用的室内无线定位技术包括红外线、超声波、GPS和蓝牙等又都不适合遇险消防员的定位。而无线电测向定位技术采用国际标准的中频通信频率,具有绕射性好的特点,遇到障碍物时,呼救信号会绕射障碍物,能够在复杂的火场环境中迅速判断遇险消防员的大致方位和距离,强化消防员的安全保障。还有,消防员应用的 5 分钟小型空气呼吸器(能起到跳伞员备份伞的作用)、局部有效的消烟剂、冷却剂等,都要加快研发并配备应用。

    5.2.3 引用科技成果,更新攻坚装备。攻坚组的装备配备,要注意引用科技成果,无论是军队、地方、国内、国外,只要技术已经成熟,就要积极地引用配备,尤其是近几年公安部所属的消防研究所的科研成果,与消防部队的灭火救援工作相关甚密。例如,消防部队迫切需要、科研机构正在研制的数字化、信息化消防头盔,它除了具有相同的防护功能以外,更作为灭火战斗行动信息和指挥中枢,集头盔、防毒面具、防护目镜、显示器、夜视仪、送受话器、方位灯、呼救器、激光告警器和GPS 定位模块等一体化的功能。又如,消防员单兵生命体征信息装备,该装备由无线传输模块和无线传感器网络模块两部分组成,消防员进入火场后,能及时把消防员个人生命体征信息、空气呼吸器状态信息、现场环境信息、以及消防员呼救信息及时反馈到后方指挥平台,能有效地保障纵深行动的消防员的安全,提高攻坚组队员之间的协同配合能力,并为指挥员的决策指挥提供有力的依据。还有,公安部上海消防研究所已经研制成功的水驱动排烟机和排烟消防机器人,会给消防攻坚组纵深进攻的前期排烟起到十分重要的作用。

5.3 结合环境因素配备应用装备

每一次攻坚行动,除了防护装备以外,攻坚队员往往会根据任务的不同分别配备并携带不同的装备;每一次攻坚行动,也必然会依托火场的整体部署,研究分析火场的各种环境因素,结合运用固定消防设施、大型消防设备,充分发挥各种装备的应用效能。

5.3.1 根据受灾对象携带装备。不同的火灾对象、或者说不同的灾害事故,攻坚组行动时携带的装备必然存在着差异性,也就是说要针对不同火灾的对象特点、或者说不同的灾情,来考虑攻坚组装备的配备携带。例如,当进入高层建筑攻坚灭火时,使用室内消火栓的概率很大,攻坚队员要携带一些质量可靠的水带、水枪,以及异型接口、异经接口登楼,以防止楼层室内消火栓内的水枪、水带损缺,或接口不符;进入人员聚集场所搜救人员时,应该视情携带一些湿毛巾、湿口罩和简易滤毒罐;进入地下区域,通常要带闪光安全绳、强光照明灯,以及必要的排烟器具;至于化学灾害事故或危险化学品泄露场所,则要根据不同情况、按不同等级穿着防护服装,携带堵漏器材,必要时携带无火花操作工具。总之,攻坚组装备的应用与灾害事故的对象特点密切相关。

5.3.2 依托大型装备展开行动。攻坚组的纵深行动,并非是小分队的孤军深入,而必然纳入火场作战的整体部署,除了力量布置上的支持配合以外,还会以大型装备为支撑,掩护、运送、配合攻坚组的纵深行动。如在高层建筑灭火的攻坚行动中,可用举高消防车、消防直升机协助行动,把攻坚组投送到指定的攻击位置;如果在地铁火灾中乘坐路轨两用消防车、隧道火灾中会使用雪炮涡喷车或双头消防车纵深行动,当然会更有利于接近火源展开战斗;在需要排烟而人员难以深入的部位,运用消防排烟机器人实施排烟;在大空间作战环境纵深行动时,可用灭火机器人开导掩护、先射水冷却结构,消除建筑垮塌险情;在某些灭火作战中,举高消防车、高喷车、甚至大功率水罐车都能开炮射水掩护攻坚组的纵深行动。

5.3.3 结合灭火剂运用实施攻坚。现代消防科技发展很快,先进的灭火技术与灭火剂的使用,能帮助攻坚组有效地展开行动。例如,A类压缩空气泡沫,在高层建筑火灾扑救的供水高度上具有明显优势,扑救居民楼火灾时又能大大减少水渍损失;细水雾技术的应用,使攻坚组队员能更有效地阻隔、驱散浓烟,吸附烟雾颗粒,降低烟区温度;在很多火场,特别是相对的有限空间,使用冷气溶胶(超细干粉)有着超乎寻常的作用;使用高压水射流,可以在两分多钟的时间里击穿30厘米厚的混凝土墙,对一些开门后有轰然可能的燃烧区域,能够直接击穿门或墙板,将高压水流射向火区,由于水流具有十几米的射程,高压使喷射的水流变成冲击力很强的细水雾,能有效地冷却降温、抑制火势。

6. 攻坚组作战行动

攻坚组的灭火救援作战行动,都是在极其艰难困苦的环境下展开的。没有险情,没有克服险情的艰难,就不需要攻坚组展开行动。因此,消防部队必须联系攻坚组可能承担的任务,结合火场或灾情的实际情况,深入研究灭火救援攻坚组的作战行动,务必使攻坚行动准确、安全、有效。

6.1 攻坚行动组织

需要执行攻坚任务时,根据任务的重要性和艰难程度,组成相应的攻坚组并指定相应级别的指挥员。

6.1.1 普通消防中队攻坚组。普通消防中队成立1~2个灭火作战攻坚组(可与原有的专勤班合成建制)。在需要展开攻坚行动时,一般可由1名中队指挥员、1名战斗班长和3名攻坚队员组成。1名指挥员或班长带领2名战士实施纵深进攻,另外1名指挥员或班长带领1名战士在适当的位置(攻坚行动入口,纵深关节点如楼梯间、走廊口等)进行联络、掩护、策应、助攻。

6.1.2 特勤消防中队攻坚组。特勤消防中队一般可确定2~3个抢险救援攻坚组。可以派出一个攻坚组执行任务,如破拆、堵漏,或在危险化学品泄露中心区域承担处置任务;也可以确定两个攻坚组配合行动,由1名指挥员、1名班长和4

名特勤队员组成，分成两个攻坚小组，协同组合（如一个小组处置，一个小组掩护）展开抢险救援攻坚行动。

6.1.3　指挥部确定攻坚组。在成立火场指挥部的重特大火灾扑救或重大灾害事故现场，遇有特别重要的攻坚任务，指挥部可以临时组织攻坚组行动，这种攻坚组往往是若干个特勤或普通消防中队攻坚组的协同组合，具有较强的阵容和优势攻击能力，以及全方位的梯次进攻、交叉进攻、策应进攻、掩护进攻和同步进攻的战斗力。攻坚组指挥员可以是战训科长、支队参谋长或副支队长担任。

6.2　攻坚行动准备

攻坚组在每次攻坚行动实施以前，必须进行认真、细致而周密的准备，任何麻痹与疏忽都可能造成难以预料的不良后果。

6.2.1　分析判断灾情。攻坚行动的准备工作涉及到方方面面，但首要的是消防指挥员对需要攻坚的灾情作正确、客观、合理、透彻的分析判断。弄清需要解决的主要问题，明确攻坚的主要任务，针对灾情的严重程度和可能出现的问题，细致、认真、充分、准确地做好准备工作。

6.2.2　确定行动方案。根据对灾情的判断和攻坚行动的需要，及时确定攻坚组人员组成、指挥员人选、使用的主要装备等；进而拟定攻坚行动展开形式、纵深进攻行动路线、可以使用的主要方法、拟采取的战术技术措施，以及辅助攻坚行动相关力量的调动和准备。

6.2.3　做好战前动员。火场（总）指挥员要亲自给攻坚组作战前动员，交代作战任务，指出行动的目标、将会遇到的困难、需要解决的问题，提出每个行动环节的注意事项，并对战斗作风、战术应用、协同配合、安全意识等方面提出要求。

6.2.4　督查佩带器材。火场指挥部（员）要组织督查攻坚组行动展开需要佩带的器材装备。包括按行动展开环境穿着的个人防护服装、佩戴的防毒面具；携带攻坚行动需要的灭火、救护、排烟、破拆、照明、通信，以及自救等器材；检查空气呼吸器气瓶储气量，调试通信器材处于良好状态，察看携带的装备是否齐全等。

6.2.5　考虑整体部署。火场指挥员要协调在场作战力量，配合攻坚组的作战行动，在关键部位展开强攻、在某些部位进行掩护、在某些部位组织排烟、在某些部位提供保障等。并要考虑攻坚行动成功以后的整体作战部署，以及攻坚行动不顺利、没有达到预期效果所必须要采取的战术措施，部署力量应对可能出现的不利局面。

6.3　攻坚行动排烟

火场浓烟是攻坚行动的最大障碍，是纵深进攻的最大困难。攻坚组行动中的防烟和及时组织排烟，是攻坚行动的重大课题。所以，火场排烟与攻坚行动有着密切的联系。

6.3.1　树立强烈的排烟意识。烟雾是火灾中致人死亡的罪魁祸首，美国对 393 起建筑火灾中死亡的 1 464 人作过调查分类，其中因烟雾窒息中毒死亡的 1063 人，占 72.5%；而直接被火焰烧死的只有 359 人，占 24.4%。烟雾也是攻坚组纵深进攻的主要难题，如果攻坚组能千方百计地组织排烟，不仅有利于攻坚行动的展开,还能及时抢救在烟雾中频临死亡的人员。

6.3.2 适时利用固定机械排烟设施。火灾初期,建筑内设置的机械排烟设施会启动排烟,而当烟区温度达到 280℃时,排烟系统会停止排烟,这主要是为了防止高温烟气流动加快、燃烧面积瞬间扩大。但是,如果内攻水枪已经出水,或已经在关键部位布置了堵截火势蔓延的水枪,那可以通知消防控制室继续开启机械排烟系统,以加快排除室内烟气,增加内攻区域能见度,以利于深入内部搜救人员,或寻找并扑灭火源。

6.3.3 充分发挥移动排烟设备作用。移动排烟设备机动性强,可在适当区域或特定部位发挥作用。在排烟车的排烟管道长度可及的部位,可充分发挥排烟车排烟量大、工作效率稳定的优势;部位比较深入,或楼层内部的排烟,可使用移动式机械或水力排烟机实施排烟,现在性能优越的水力排烟机的排烟量已达到 90 000 m³/h,会有比较理想的排烟效果。

6.3.4 善于采用雾状水流排烟。消防部队经常会在多层建筑发生火灾时深入楼层搜救人员。此时,不要用水枪、水炮射水封住上部冒烟的窗户、阳台,让其开口排烟(除非窗口、阳台处有人员呼救且受烟火侵袭)。此时应形成上部开口、下部喷雾水驱赶顶压的方法排烟。攻坚组进入室内后,沿楼梯一边攀登、一边组织一定数量的喷雾水枪喷射排烟,以加快烟气流动速度,及时排除室内烟雾,增加火场能见度。

6.4　攻坚行动纵深

攻坚组的纵深行动,是攻坚组执行任务的关键所在,是攻坚难度的客观体现。纵深距离越远、途中险情越重、行动难度越大。

6.4.1　明确纵深距离。攻坚组的纵深行动是个重要课题,距离的远近往往决定攻坚行动的难易程度。一般说来,每次行动之前,攻坚组必须明确大致的纵深距离,到达目的地所要经过的途径和环境条件,以便心中有数,做好充分的思想准备。

6.4.2　明确行动任务及所需时间。攻坚组的每次纵深行动,必须使每一个成员都明确采取行动的主要任务,以及完成任务所需要的大致时间。是搜救人员、抢救被困群众,还是寻找并打击火源,或其他-的特殊任务。要明确纵深行动所需的大概时间,包括途中行动时间、到达目的地后完成任务所需的时间和返回过程所需要的时间,以便在装备、防护和战术意识上采取相应的措施。

6.4.3　明确深入途径。纵深行动开始时,要通过侦察、分析、判断,选择便于行动、便于进攻、便于撤退的纵深途径和纵深入口,并在入口处部署水枪、水炮、排烟机等掩护力量,安排通信联络、安全观察、行动记录人员。

6.4.4　明确推进方式。攻坚组展开行动向纵深推进时,要根据内部烟雾与温度的情况,决定采用的行动方式:在浓烟充斥但有短距离视觉的情况下,可三人组成小分队,以"三点式"的队形纵深推进,其中必须有一人能与外部保持通信联络

（条件许可时，人人应保持联络畅通），必须有便携式强光照明灯具照明，必须有随时可以喷射水流的水枪在握；在浓烟翻涌、高温袭人、伸手不见五指的情况下，攻坚组队员必须栓挂安全绳，打开强光照明灯具，喷射雾状水流，以肩、臂、褪等部位感知，形成一个联系紧密、步步为营、不断深入的作战阵地；在纵深行动遇到障碍时，应在向指挥员报告的同时，实施破拆、继续前进，如果破拆能力不足、或缺乏相应工具，攻坚组要退出阵地，调整人员和装备，再次纵深行动；在一支水枪难以与浓烟高温抗衡、或射水开辟纵深通道力量不足时，可向指挥员请求第二梯队跟进配合行动。

6.4.5　明确救人方法。攻坚组展开纵深行动遇到被困群众时，要根据被困人员的不同状况，采用灵活的方法施救：在较为密闭的场所躺有几近窒息的人员，要及时打开携带的小型空气呼吸器瓶，改善被困者呼吸环境；携带简易防毒面具的，可给被救人员先行戴上；带有湿毛巾等物品时，交与被困群众掩住口鼻。攻坚组队员可采用抱、背、拖等办法，一次救出两人，另一人引导返回、协助行动；如发现被困人员较多，攻坚组无法应对时，要及时向指挥员报告，派出进攻梯队，几个攻坚组同时展开救人行动，或组织预备队替补，全力以赴抢救人员。

6.5　攻坚行动安全

攻坚组的行动安全，事关灭火战斗行动效果、纵深攻坚任务能否完成、以及攻坚组指战员的生命安危，务必充分重视、谨慎操作。

6.5.1　加强个人防护。攻坚组行动时必须一丝不苟地加强个人防护，做到常规防护和特种防护相结合，既要符合常规灭火作战安全防护需求，又要针对不同的火场情况，采用特殊的防护手段；要按规定进行空气呼吸器使用前的检查，务必保持攻坚行动所需的充气量，纵深距离远时，应使用双气瓶空气呼吸器；火场温度很高时，要穿着隔热服，必要时设水幕保护。

6.5.2　纵深环境不能超越安全许可条件。攻坚行动一般只适合于火灾初期或中期扩展阶段，在火灾已经成势并在室内进入猛烈燃烧阶段时，不适宜采取纵深攻坚行动。在攻坚组纵深行动途中，当感到环境条件非常恶劣、险情将威胁到攻坚组官兵安全时，应立即停止纵深攻坚行动，并迅速顺原道返回；切忌在纵深环境缺乏基本的安全许可条件时，继续盲目地深入行动。

6.5.3　保持纵深行动的整体推进。从纵深挺进、发现目标、到展开战斗，攻坚组成员始终要互相关照、协调配合、统一行动；铺设栓挂安全绳时，应随时牵拉联系，保持适当的编组距离；铺设闪光安全带作为行动路标时，既要观察依稀可见的闪光带，又要关注战友的基本方位，防止途中失散分离；纵深行动时，没有指挥员特殊批准，不允许攻坚组队员单独行动，以免途中迷路或无力抵御灾情。

6.5.4　慎重进入大跨度建筑。进入大跨度结构（特别是钢结构）的厂房、库房，商场、市场时，必须在燃烧时间不是太长，结构强度尚未损伤的情况下纵深行动，或者是结构顶部已经启动排烟设备或破拆结构排烟排热，内部已有移动水炮或带架水枪射水冷却承重结构的前提下,才能展开大跨度建筑内部的纵深攻坚行动。

6.5.5 外围作战力量协调配合。攻坚组的纵深行动并不意味着孤军深入,指挥员必须协调指挥在场兵力,支持配合攻坚组纵深任务的完成。如安排力量排烟,减轻室内的烟雾浓度;组织强势水枪(炮)对攻坚组行动部位实施冷却控制,以及部署作战小组梯次跟进,射水掩护攻坚组行动,或组织小分队深入室内,策应攻坚组的纵深行动等。

6.6 攻坚作战中要注意克服的几个认识误区

为了更好地发挥消防攻坚组的突击队作用,科学指挥、科学用兵,在重特大火灾扑救和灾害事故救援中出色完成攻坚任务,减少消防官兵不必要的伤亡,消防攻坚组在作战行动中要注意克服几个认识上的误区。

6.6.1 攻坚组并非是出现重大灾情才动用。有些人认为,攻坚组是对付重大灾情时才行动的,如楼层烟雾中有几十人要救,危险化学品泄漏严重的中心区域需要救人或处置等,而对于2~3个消防队员进入烟雾区侦察火情或寻找火源作为一般性的行动,指挥员对这些行动没有充分足够的重视,参战的队员没有认真的准备和防护,配合协调的力量没有予以布置,结果在非正式的攻坚作战中,在2~3个人的深入行动中出了问题,造成了伤亡。这种在"小沟里翻船"的事情屡有发生,应该引起消防指挥员的反思与重视。问题是很明确的,既然火场充斥烟雾,进入烟区侦察、搜救就是一种标准的攻坚组行动,就必须按攻坚组深入烟区一样部署、准备、防护、协调,以防止可能发生的问题。

6.6.2　攻坚组并非是孤军深入。不要认为攻坚组纵深行动了,就靠他们自己的努力来完成攻坚任务,有些指挥员则在等待攻坚组行动的消息,或期盼着他们成功返回。无论国内外军队、警察的小分队行动,从来都不会是孤军深入。要像美国总统和国防部长亲自关注小分队对本·拉登的攻击行动一样,充分关注消防攻坚组的作战行动。尽管是几个人的一个小组行动,必须由火场最高指挥员亲自关注与部署,因为他们的攻坚行动事关重大。火场最高指挥员要亲自审查、论证攻坚组行动方案,并提出重要的指导意见;指挥员要部署力量为攻坚组掩护开道,譬如用车载炮、移动炮轰击攻坚组纵深进入的方位,起压制火势的作用,或在这一方位采取排烟措施,减轻攻坚组烟气压力;指挥员可以在攻坚组前进方向较近的侧翼布置强攻力量,以便攻坚组行动不利时强攻策应;指挥员要在攻坚组入口处部署第二梯队力量,便于在攻坚组艰难撤退时主动接应。

6.6.3　攻坚组并非是只能前进,不能撤退。攻坚组担任的都是复杂险峻、艰难困苦的作战任务,我们希望攻坚组百战百胜,但不能想象百分之百的成功,百分之百的完成任务,更不能干付出了伤亡的代价还完成不了任务的事,因此攻坚组要既能前进,又能撤退。攻坚组在展开行动时,以健壮的体质、顽强的意志、娴熟的技术,克服难题,排除险情。然而,在纵深前进的途中如果遇到障碍或险情,就要一边向指挥部报告情况,一边用破拆等手段克服障碍,或用雾状水等减轻险情。如果障碍难以克服,或险情难以排除,则要请求增援或请示撤退。在通信不畅的场所，无法与指挥部取得联系，只要感到险情十分严重，攻坚组难以应对险情，甚至险情威胁到攻坚组成员的生命安全，攻坚组指挥员要果断地下令撤退，并确保攻坚组按原路顺利返回。

6.6.4 攻坚组并非是自杀式敢死队。消防部队有些攻坚组队员说，我们就是敢死队。其积极的含义，就是在执行攻坚任务时，要英勇顽强，视死如归。消防攻坚队员也确实锻造了一种烈焰辉映的战斗精神，不怕苦难不怕死，敢闯浓烟与火海。然而，在这样一支英勇的部队里，就更要讲究灭火救援的科学指挥，更要注重攻坚组纵深行动的科学性。我们希望攻坚组队员发扬敢死队的精神，更希望攻坚组队员沉着冷静、机智灵活、个人防护一丝不苟、克服难题技能过硬，每次执行攻坚任务，既能勇敢无畏冲锋陷阵，又能完成任务平安返回。